U0380279

明清江南文人室内设计思想

Jiangnan Literati's Thought on Interior Design in the Ming and Qing Dynasties

詹和平 冯 阳 著

东 南 大 学 出 版 社

·南京·

图书在版编目（CIP）数据

明清江南文人室内设计思想／詹和平，冯阳著．
南京：东南大学出版社，2024.8. --ISBN 978-7-5766-
1534-0

Ⅰ. TU238.2

中国国家版本馆 CIP 数据核字第 2024WW5966 号

明清江南文人室内设计思想
Ming-Qing Jiangnan Wenren Shinei Sheji Sixiang

著　　者：詹和平　冯　阳
出版发行：东南大学出版社
地　　址：南京市四牌楼 2 号　邮编：210096　电话：025-83793330
网　　址：http：//www.seupress.com
出 版 人：白云飞
经　　销：全国各地新华书店
印　　刷：南京凯德印刷有限公司
开　　本：889 mm×1194 mm　1/32
印　　张：6.5
字　　数：180 千字
版　　次：2024 年 8 月第 1 版
印　　次：2024 年 8 月第 1 次印刷
书　　号：ISBN　978-7-5766-1534-0
定　　价：72.00 元

本社图书若有印装质量问题，请直接与营销部联系。电话：025-83791830
责任编辑：刘庆楚　责任校对：子雪莲　责任印制：周荣虎　封面设计：钱雯雯

目 录

第四编　明清江南文人室内设计思想的价值与启示

一、由文化遗产引发的研究

记得 20 余年前，即 1997 年 12 月，联合国教科文组织世界遗产委员会第二十一届会议决定，以拙政园、留园、网师园、环秀山庄为代表的苏州古典园林，被批准列入"世界文化遗产名录"；时隔近 3 年，即 2000 年 11 月，世界遗产委员会第二十三届会议又决定，作为苏州古典园林扩展项目的沧浪亭、狮子林、艺圃、耦园、退思园，也被批准列入"世界文化遗产名录"。世界遗产委员会对苏州古典园林的评价是："没有哪些园林比历史名城苏州的四大园林更能体现出中国古典园林设计的理想品质。咫尺之内再造乾坤，苏州园林被公认是实现这一设计思想的典范。这些建造于 16—18 世纪的园林，以其精雕细琢的设计，折射出中国文化中取法自然而又超越自然的深邃意境。"[1]

---

[1]《世界文化遗产——苏州古典园林》，中国政府网，2006 年03 月 28 日，https://www.gov.cn/test/2006-03/28/content_238532.htm。

自苏州古典园林成为世界文化遗产后，其保护传承工作就显得尤为重要。多年来，苏州市政府及有关部门开展了一系列苏州古典园林的保护传承工作。例如，苏州市园林管理局从 2000 年起重点对艺圃的住宅、留园西部的"射圃"、网师园的"露华馆"等进行修整；苏州市园林管理局从 2006 年起做好《拙政园志》《留园志》《网师园志》等 9 种园林志的编修工作；苏州市广播电视局和苏州市园林管理局于 1999 年联合拍摄 6 集纪录片《苏园六记》，配合中央电视台等单位于 2011 年拍摄专题片《世界遗产中国录——苏州古典园林》；等等。苏州古典园林作为中华文化的宝贵遗产，也受到学界的广泛关注，随之形成江南园林研究的热潮。例如，童寯先生著于 1937 年、初版于 1963 年、二版于 1984 年的《江南园林志》在这时期再度成为畅销书；刘敦桢先生著于 1960 年、初版于 1978 年的《苏州古典园林》在 2005 年再次推出修订本；潘谷西先生从庭院、村落、邑郊、沿江、名山等六个方面在 2001 年编著出版《江南理景艺术》等。

这些世界文化遗产及其保护传承工作，给我们留下了深刻印象。2010 年前后我们正在高校承担室内设计等课程的教学任务，出于教学需要和科研的兴趣，很自然地对苏州古典园林的前世与今生比较关注，同时也萌生了对以苏州古典园林为代表的江南园林室内设计作一番研究的愿望。于是，从这一年起，我们集中精力主要做了三件事情：一是广泛搜集明清江南文人编撰出版的各类著作；二是考察江苏、浙江、上海等地的江南园林及相关博物馆；三是指导研究生以个案研究方式对江南园林的室内设计进行研究。在此学术积累的基础上，我们逐渐将研究选题聚焦在"明清江南文人室内设计思想"上。

二、文本阐释与论文发表

确定研究选题后，我们针对明清江南文人室内设计思想研究中的"文献""脉络"和"价值"三个问题拟定了研究思路。首先，需要对明清江南文人室内设计思想的文献进行基础研究，由于江南文人室内设计思想主要散落在他们撰写的各类著作中，应对这些著作有一个宏观把握和基本判断；其次，需要对明清江南文人室内设计思想的演进脉络进行阶段研究，由于时代背景不同，应对明代、清代的江南文人室内设计思想分别梳理，注重不同时代江南文人室内设计思想的相同点与不同点；再次，需要对明清江南文人室内设计思想的价值进行综合研究，注重归纳江南文人室内设计思想的各个层面，分析江南文人室内设计思想的历史价值和现代启示。基于此，我们以文本阐释方式，开展了以下思想研究。

第一篇论文《明清江南文人室内设计思想研究文献综述——以〈四库全书总目〉子部杂家类著录为中心》发表在《创意与设计》2013年第2期上。论文对"总目"子部杂家类收录和未收的江南文人著作做了介绍和分析，在此基础上总结出江南文人室内设计思想的文献特点，指出文献中包含着丰富的室内设计思想，涉及建筑、装修、家具、器具、位置的基本观念，以及认识态度、欣赏方式、审美趣味、作用地位、原则方法等。[1]

第二篇论文《明代中后期江南文人室内设计思想研究》发表在《民族艺术》2013 年第 6 期上。明代中后期，江南文人在造园等实际行为中，构建了一套室内设计的思想体系，包括基本认识、总体追求和操作方法，其目的是要表明一种态度、立场和观念，确立一种设计、欣赏和制作的标准，以此批评时人的雅俗莫辨，与权贵、富商的繁雕褥饰区隔开来，维系文人特有的"雅"设计文化。[2]

第三篇论文《清代前中期江南文人室内设计思想研究——以李渔、黄图珌、曹庭栋为例》发表在《艺术百家》2013 年第 4 期上。通过介绍和分析李渔的《闲情偶寄》、黄图珌的《看山阁集》、曹庭栋的《老老恒言》这三部著作，来获取室内设计思想的各种信息，进而总结出江南文人室内设计思想的一些特点，指出这时期江南文人室内设计思想与明代中后期的最大不同点，在于具有显著的务实性。[3]

第四篇论文《明清江南文人室内设计思想的著作概况、历史价值与现代启示》发表在《美术与设计》2013 年第 6 期上。明清时期，江南文人创作出大量与设计相关

［1］ 冯阳，詹和平：《明清江南文人室内设计思想研究文献综述——以〈四库全书总目〉子部杂家类著录为中心》，《创意与设计》，2013 年第 2 期，第 73-79 页。

［2］ 詹和平，冯阳：《明代中后期江南文人室内设计思想研究》，《民族艺术》，2013 年第 6 期，第 70-74 页。

［3］ 詹和平：《清代前中期江南文人室内设计思想研究——以李渔、黄图珌、曹庭栋为例》，《艺术百家》，2013 年第 4 期，第 167-173 页。

的著作,常以"小品"的面貌呈现出来,门类众多,内容丰富,所蕴含的室内设计思想,包括设计之人、设计之物、设计之道、设计之技四个层面,其历史价值主要表现在,构建室内设计思想体系,维系文人身份与矫正社会风气,对宫廷和民间设计产生了深远影响。[1]

三、图像解读与本书出版

以上四篇论文发表后,又过去了10年。这10年来,"推进文化自信自强,铸就社会主义文化新辉煌",已成为当今中国文化建设的重大任务,全国各地文物和文化遗产保护工作取得丰硕成果。截至2021年7月,中国已有56项文化和自然遗产列入"世界遗产名录";各类古籍得到抢救性保护、整理研究和出版利用,中国国家版本馆于2022年7月正式开馆;各大博物馆充分利用现代信息技术建设数字博物馆网站,故宫博物院网站于2017年5月全新改版上线运行等。文化建设的大发展,为深入研究明清江南文人室内设计思想提供了最佳时机、丰富资料和便利条件。正是基于这个原因,我们尝试在原有四篇论文研究成果的基础上进行二次研究,并将二次研究以图书的形式呈现出来。为此,我们采取了在保持原文基本不变的前提下,以图像解读方式,深化以下思想研究。

[1] 詹和平:《明清江南文人室内设计思想的著作概况、历史价值与现代启示》,《美术与设计》,2013年第6期,第53-58页。

第一，借助视觉图像反映历史事实。在设计史、思想史、文化史研究中，"图像证史"的意义和作用已得到学界的普遍认同。我们以文本阐释为底本，对所需图像进行了采集、甄别和选用，共使用各类图像 109 组，主要分布在：第一编由原有 7 组调整为 13 组图像，第二编新增 36 组图像，第三编新增 34 组图像，第四编新增 26 组图像。以这些视觉图像及其文字说明，凸显明清江南文人室内设计思想的研究真实地反映了历史事实。

第二，采用各类图像解读思想内涵。图像具有多样性，凡具有可视化的历史资料都可以作为图像。我们在第一编着重使用了"总目"子部杂家类收录和未收的著作图像；第二、三编使用了著作、书法绘画、木刻版画、园林建筑、室内装修、家具器具、考古遗迹等的图像；第四编使用了著作、绘画、木刻版画、民间器具、宫廷装修等的图像。以各类图像作为历史证据，解读明清江南文人室内设计思想的文献基础、演进脉络、思想体系和历史价值。

第三，对图像使用范围扩展的说明。为更好发挥图像证史的作用，我们在图像使用的范围上做了一定的扩展。主要集中在第三编：一是整编图像使用没有局限在"以李渔、黄图珌、曹庭栋著作为例"的视域范围内，而是从"清代前中期江南文人的室内设计思想"这个更大范围内采用各类图像；二是一些图像使用超出了"清代前中期"的时间范围，突出实例是"图 3-28　苏州网师园殿春簃之书房布置现状"，此建筑建于民国初年，但它的建筑形制、室内装修、家具陈设等都沿袭着清代前中期的遗风；三是个别图像使用跨出了"江南"的地域范围，代表实例是"图3-34 铜镀金珐琅五蝠风扇"，此风扇为雍正年间清宫内务府造办处制作，但它的设计明显具有文人设计的特点。

"文化自信，是更基础、更广泛、更深厚的自信，是更基本、更深沉、更持久的力量。"[1]坚定文化自信必须继承和弘扬中华优秀传统文化，以深厚的文化积淀为基础，夯实文化自信的根基。江南园林作为中华文化的重要组成部分，这就需要以守住根脉的责任，从历史文化中汲取营养，增强前行的力量。因此，对江南园林的深入研究就显得尤为重要，我们希望通过本书的文图互释，让读者了解明清江南文人的室内设计思想，理解明清江南文人的理想生活环境，进而领悟蕴含在思想与生活中的东方美学和中国精神，为推进中华优秀传统文化创造性转化和创新性发展贡献我们的微薄之力。

詹和平 冯　阳

2023 年 12 月于金陵

---

[1] 习近平：《坚定文化自信，建设社会主义文化强国》，《实践（思想理论版）》，2019 年第 7 期，第 7 页。

第一编

明清江南文人室内设计思想
的文献综述
——以《四库全书总目》子部杂家类著录
为中心

　　明清时期,生活在江南地区的文人,作为一个特定的社会阶层,对推动这时期室内设计的发展起着至关重要的作用。这在各类文化典籍中都有记载,是当今学人加以研究的重要文献资料。然而,要对明清江南文人室内设计思想作一番探究,就不能不注意由文人自己撰写的各类著作,通过文人著作的搜集与整理,文人言论的注释与解读,文人图像的看样与解说,将它们结合起来加以思考,才有可能揭示文人的室内设计思想。由于明清江南地区文人众多,其著作也是量大而面广,[1]受文章篇幅所限,下文主要以《四库全书总目》[2](以下简称《总目》)子部杂家类著录为中心,选取相关的著作加以介绍与分析,最后得出明清江南文人室内设计思想研究相关文献的总体特点。至于研究的目的,是希望通过明清相关文献的整理与分析,梳理出文人室内设计思想的大致轮廓,为后续深入研究奠定基础。

---

　　[1] 据张慧剑先生对明清江苏文人的研究,从明洪武元年(1368 年)至清道光二十年(1840 年)期间,在江苏省一个地区活动的文人,就多达 4379 人,其研究包括生卒、著述、绘事、交游等。参见张慧剑著:《明清江苏文人年表》,上海:上海古籍出版社,2008 年。

　　[2]《四库全书总目》的名称有多种提法,全称为《钦定四库全书总目》,其他相关的提法有《四库全书总目提要》《钦定四库全书总目提要》《钦定四库全书提要》《四库全书提要》《四库总目提要》《全书总目提要》《全书总目》《总目提要》《四库总目》《四库提要》《提要》《总目》等。

图 1-1　《钦定四库全书》(一般简称《四库全书》)书册及书匣(清代),故宫博物院、"台北故宫博物院"藏

　　《四库全书》的书册是用浙江出产的开化纸缮写,以丝绢做封面。其色彩遵照清乾隆帝"经、史、子、集四部各依春、夏、秋、冬四色"装潢的理念,经部书用葵绿色,史部书用红色,子部书用蓝色,集部书用灰褐色。书册装潢完毕后,再分别贮于楠木制成的书匣内。

一、《总目》子部杂家类著录概况

　　《四库全书》是在清乾隆皇帝指示下编纂完成的一部大型官修丛书,从乾隆三十七年(1772)开始,历时十多年才大体完成,内容包括先秦至清初的重要文献,按照文献内容不同分为经、史、子、集四大部(图 1-1)。《总目》是在纂修《四库全书》过程中编纂的一部图书目录,从乾隆三十八年(1773)开始,到乾隆四十六年(1781)初步完成,对收录和一些未收录的著作,都会分别编写内容提要,然后把这些提要按照四部分类编排,汇集成书。《总目》著录的文献,据统计,收录进《四库全书》的著作,计有三千四百六十一部,七万九千三百零九卷,未被《四库全书》收录的著作，作为存目加以介绍，计有六千七百九十三部，九万三千五百五十一卷（图 1-2）。此外，因《总目》卷帙浩繁，乾隆又指示编纂《简目》，从乾隆三十九年（1774）开始，到乾隆四十七年（1782）初步完成，略去《四库全书》各类总序、小序和未收著作提要，并对其他著作提要也大加压缩，汇成二十卷，进呈御览（图 1-3）。

《总目》中的子部杂家类，分为六个小类，包括杂学之属、杂考之属、杂说之属、杂品之属、杂纂之属和杂编之属。具体分类原则是："立说者谓之杂学；辩证者谓之杂考；议论而兼叙述者谓之杂说；穷究物理，胪陈纤索者谓之杂品；类辑旧文，涂兼众轨者谓之杂纂；合刻诸书，不名一体者谓之杂编"[1]。杂学之属所录著作，主要分为两个部分，一部分是先秦时期墨家、名家、纵横家的传世之作，如《墨子》等，另一部分是历代一些非正统的儒家之作，如《吕氏春秋》等，计二十二部，一百七十八卷；杂学存目的著作，计一百八十四部，七百五十卷。杂考之属所录著作，为"考证经艺之书……兼论经史子集，不可限于一类"[2]，按语中称杂考始于东汉班固的《白虎通义》，至唐宋这类著作逐渐增多，计五十七部，七百零七卷；杂考存目的著作，计四十六部，四百四十三卷。杂说之属所录著作，"或抒己意，或订俗伪，或述近闻，或综古

---

[1]［清］永瑢等撰：《四库全书总目》，北京：中华书局，1965 年，2008 年重印，第 1006 页。

[2]［清］永瑢等撰：《四库全书总目》，北京：中华书局，1965 年，2008 年重印，第 1032 页。

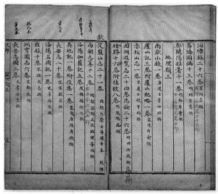

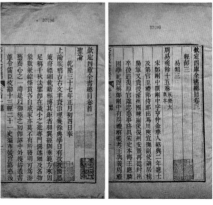

图 1-2 《四库全书总目》抄本、刻本及书函（清代），故宫博物院、湖北省图书馆藏

　　《四库全书总目》的总纂官为纪昀（1724—1805）、陆锡熊（1734—1792），各部提要由分纂官负责撰写。《总目》对历史上一万多种典籍，从经、史、子、集到医、卜、词、曲之类，撮举大旨，辨析源流，考核得失，成为中国目录学的巨著。

图 1-3 《四库全书简明目录》卷轴及书匣（清代），故宫博物院藏

　　《四库全书简明目录》由纪昀等撰写。卷轴纵 28.5 厘米，横 650 厘米，通栏高 22 厘米，长 354 厘米；书匣长 39.5 厘米，宽 32.8 厘米，高 10 厘米。它是纪昀从《简目》中又选出最精要的内容，以小楷抄成四轴，装于红木书匣内，以便进呈御览。

义"[1]，按语称杂说源于东汉王充的《论衡》，宋代以后，此类著作不断增多，计八十六部，六百三十六卷；杂说存目的著作，计一百六十八部，一千一百零一卷。杂品之属所录著作，"为古所未有之书，不得不立古所未有之例"[2]，按语称杂品始于宋代赵希鹄的《洞天清录》，自此以降，形成门类，计十一部，八十三卷；杂品存目的著作，计二十六部，一百七十二卷。杂纂之属所录著作，采众家之说，纂编成书，"以其源不一，故悉列之杂家"[3]，计十一部，五百三十六卷；杂纂存目的著作，计一百九十六部，二千七百二十三卷。杂编之属所录著作，是把几部书籍合编成书，"各著于录，而附存其目，以不没搜辑之功者，悉别为一门"[4]，计三部，九十二卷；杂编存目的著作，计四十五部，一千三百九十六卷。

　　《总目》子部杂家类收录的著作，计有一百九十部，三千六百二十六卷；存目的著作，计有六百六十五部，六千五百八十五卷（图1-4）。这些著述，基本上涵盖了清乾隆以前杂家类的著作，是研究中国古代室内设计史的重要文献资料。

---

[1]［清］永瑢等撰：《四库全书总目》，北京：中华书局，1965年，2008年重印，第1057页。

[2]［清］永瑢等撰：《四库全书总目》，北京：中华书局，1965年，2008年重印，第1060页。

[3]［清］永瑢等撰：《四库全书总目》，北京：中华书局，1965年，2008年重印，第1063页。

[4]［清］永瑢等撰：《四库全书总目》，北京：中华书局，1965年，2008年重印，第1064页。

图1-4　姚文瀚《仿宋人勘书图》(清代),故宫博物院藏

　　此图轴纸本,设色,纵50.2厘米,横42.8厘米,为宫廷画家姚文瀚(生卒年不详)所绘。清乾隆帝指示编纂《四库全书》时,由于四库馆臣工作极为繁重,便有意让画家摹绘宋人《勘书图》。此图描绘了五位文士勘书之暇的小憩情景,以图像记载了编纂大型官修丛书《四库全书》的壮举。

二、《总目》子部杂家类收录的七部文人著作

　　《总目》子部杂家类著录了许多明清江南文人的著作,其中涉及室内设计思想内容的,主要集中在《格古要

论》《遵生八笺》《清秘藏》《长物志》《考槃馀事》《老老恒言》《枕中秘》等著作中。前四部著作收录于《总目》卷一百二十三之子部三十三杂家类七，第五、六部著作收于《总目》卷一百三十之子部四十杂家类存目七，最后一部著作收于《总目》卷一百三十二之子部四十二杂家类存目九。

1.《格古要论》(明曹昭撰)

曹昭(生卒年不详)，字明仲，松江华亭(今上海)人，擅长古物鉴赏。其所撰《格古要论》成书于明洪武二十一年(1388)，此刊本迄今未见，现有刻于明万历《夷门广牍》本等，分为三卷十三论，上卷为古铜器、古画、古墨迹、古碑法帖四论；中卷为古琴、古砚、珍奇、金铁四论；下卷为古窑器、古漆器、锦绮、异木、异石五论(图1-5)。本书所论各类古物，皆为明初江南文人的文房清玩，反映了他们博古好雅的审美情趣与价值取向。曹昭在前人著述的基础上，新增了不少古物，并把它们作为鉴藏对象，从理论上进行系统梳理、优劣品评和真伪鉴别。如《异木论》，明初许多珍贵木材应用于建筑、家具和器具中，受到时人的大力吹捧，在这种背景下，曹昭首次把十几种珍贵木材纳入鉴藏范畴，加以品评和鉴别。紫檀木，"出海南、广西、湖广。性坚，新者色红，旧者色紫，有蟹爪纹。新者以水楷之，色能染物"；乌木，"出南蕃，性最坚。老者纯黑色且脆，间道者嫩"；花梨木，"出南蕃，紫红色，与降真香相似，亦有香。其花有鬼面者可爱，花粗而色淡者

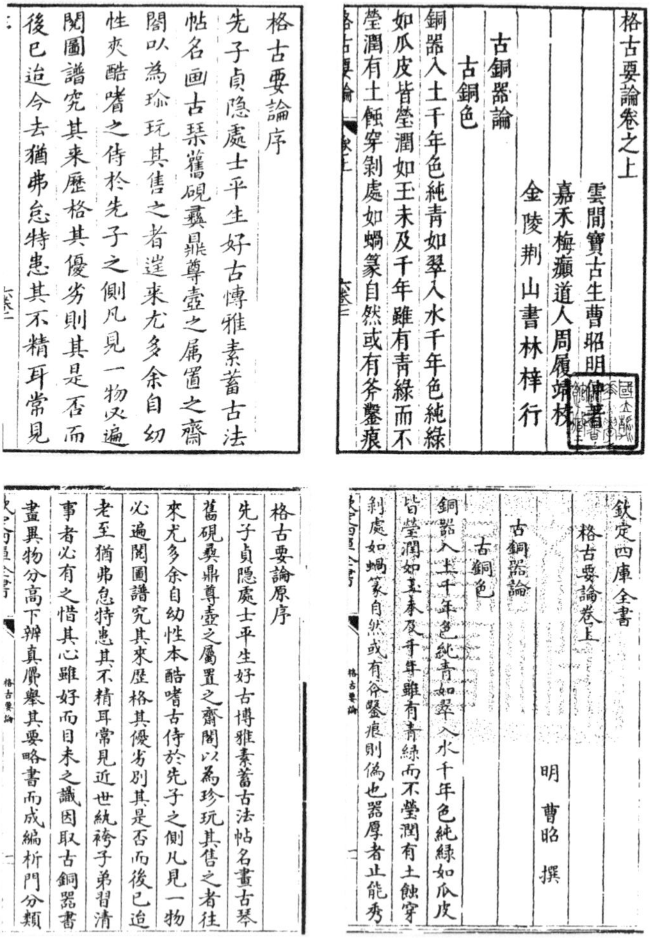

格古要論卷之上

古銅器論

古銅色

嘉禾梅顛道人周履靖校

金陵荆山書林梓行

雲間寶古生曹昭明仲著

銅器入土千年色純青如翠入水千年色純綠而不瑩潤有土蝕處剝處如蝸篆自然或有斧鑿痕如瓜皮瑩潤如玉未及千年雖有青綠而不

格古要論序

先子貞隱處士平生好古博雅蓄素古法帖名畫古琴舊硯彝鼎尊壺之屬置之齋閣以為珍玩其售之者逐來尤多余自幼性夾酷嗜之侍於先子之側凡見一物又遍閱圖譜究其來歷格其優劣則其是否而後已迨今猶弗怠特患其不精耳常見

鈥定四庫全書

格古要論卷上

古銅器論

古銅色

銅器入土千年色純青如翠入水千年色純綠如瓜皮瑩潤如玉未及千年雖有青綠而不瑩潤有土蝕剝處如蝸篆自然或有斧鑒痕則偽也器厚者止能秀

明 曹昭 撰

格古要論原序

先子貞隱處士平生好古博雅蓄古法帖名畫古琴舊硯彝鼎尊壺之屬置之齋閣以為珍玩其售之者來尤多余自幼性本酷嗜古侍於先子之側凡見一物必遍閱圖譜究其來歷格其優劣別其是否而已迨世統袴子弟習清老至猶弗怠特惜其心雖好而目未之識因取古銅器書事者必有之惜其心雖好而目未之識因取古銅器書畫異物分高下辨真贋舉其要略書而成編析門分類

图 1-5 《格古要论》之《夷门广牍》本、《四库全书》本（明至清代），中国国家图书馆藏，引自《景印文渊阁四库全书》

曹昭《格古要论》初本今已不见。在明清两代流传中，曾出现三卷本、四卷本、十三卷本和节录本等4个版本；其中三卷本，现有《夷门广牍》本和《四库全书》本。前者刻于明万历二十六年（1598），是目前所见有明确纪年的最早刊本；后者题为"衍圣公孔昭焕家藏本"，具体版本不详。

低"[1]。《总目》对《格古要论》给予了高度评价：

> 其于古今名玩器具真赝优劣之辨，皆能剖析至微。
> 又谙悉典故，一切源流本末，无不犁然。故其书颇为赏鉴
> 家所重。[2]

2.《遵生八笺》（明高濂撰）

高濂（约1527—约1603），字深甫，钱塘（今杭州）人，工于诗文、戏曲，擅长养生。《遵生八笺》初刊于明万历十九年（1591），分为八笺十九卷，分别是清修妙论笺、四时调摄笺、起居安乐笺、延年却病笺、饮馔服食笺、燕闲清赏笺、灵秘丹药笺和尘外遐举笺（图1-6）。全书内容丰富，涉及多方面知识，是一部集养生艺术之大成的著作。其中《起居安乐笺》《燕闲清赏笺》，直接与室内设计相关。两笺中，高濂记述了生活起居的要义和方法，包括居室布置、用具制备、花草盆景、旅行用具等，如"书斋"等居室的内外环境布置、"二宜床"等家具的形制与做法、"竹冠"等游具的形制与做法；又记述了各类古器的鉴赏和经验，包括钟鼎彝器、书画法帖、窑玉古玩、文房器具、焚香鼓琴、栽花种竹等，如《瓶花三说》，从"瓶花之宜""瓶花之忌""瓶花之法"对瓶花作了较全面的论述，开创了明代插花艺术的研究体系。《总目》对《遵生八笺》作了

---

[1] ［明］曹昭著：《格古要论》，杨春俏编著，北京：中华书局，2012年，第258、259、261页。

[2] ［清］永瑢等撰：《四库全书总目》，北京：中华书局，1965年，2008年重印，第1058页。

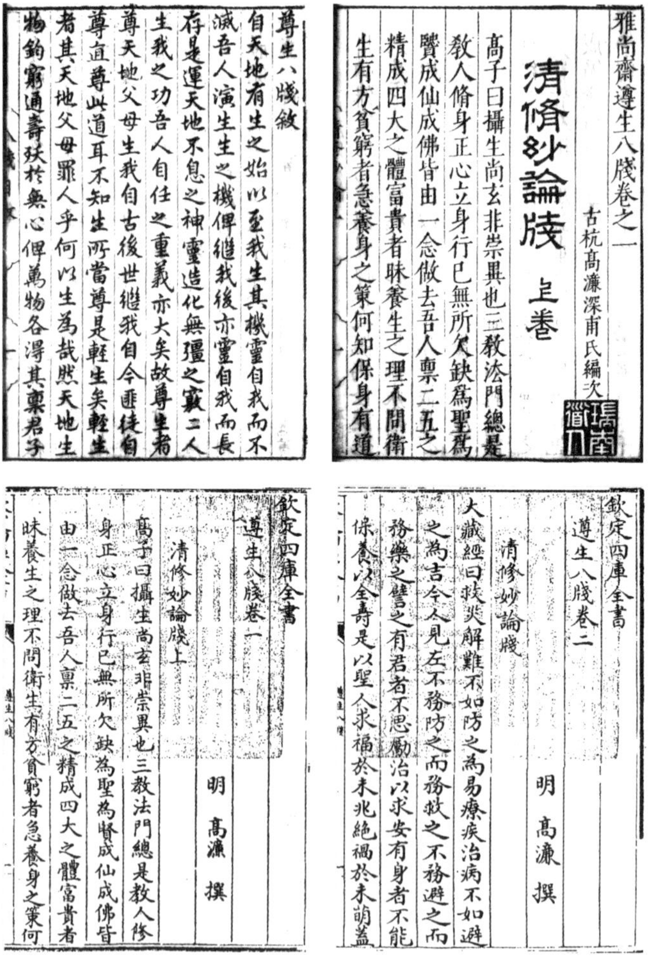

雅尚齋遵生八牋卷之一
古杭高濂深甫氏編次
清脩妙論牋 上卷
高子曰攝生尚玄非崇異也三教法門總是
教人脩身正心立身行已無所欠缺爲聖爲
賢成仙成佛皆由一念做去吾人禀二五之
精成四大之體富貴者昧養生之理不問衛
生有方貧窮者急養身之策何知保身有道

尊生八牋敘
自天地有生之始以至我生其機靈自我而不
滅吾人演生生之機俾繼我後亦靈自我而長
存是運天地不息之神靈造化無疆之竅二人
生我之功吾人自任之重義亦大矣故尊生者
尊天地父母生我自古後世繼我自今匪徒自
尊直尊此道耳不知生所當尊是輕生矣輕生
者其天地父母罪人乎何以生爲哉然天地生
物鈞窮通壽夭於無心俾萬物各得其稟君子

欽定四庫全書
遵生八牋卷一
明 高濂 撰
清修妙論牋上
高子曰攝生尚玄非崇異也三教法門總是教人修
身正心立身行已無所欠缺為聖為賢成仙成佛皆
由一念做去吾人禀二五之精成四大之體富貴者
昧養生之理不問衛生有方貧窮者急養身之策何

欽定四庫全書
遵生八牋卷二
明 高濂 撰
清修妙論牋
大藏經曰救災解難不如防之為易療疾治病不如避
之為吉今人見左不務防之而務救之不務避之而
務藥之譬之有君者不思勵治以求安有身者不能
保養以全壽是以聖人求福於未兆絕禍於未萌蓋

图 1-6 《遵生八笺》之“雅尚斋”本、《四库全书》本（明至清代），中国国家图书馆藏，引自《景印文渊阁四库全书》

《遵生八笺》版本有十余种。据鄞县（今宁波）人屠隆（1543—1605）序、钱塘（今杭州）人李时英（生卒年不详）叙、高濂自叙，《雅尚斋遵生八笺》为明万历十九年（1591）自刊，应为初刻本，共十九卷。清乾隆《四库全书》本题为“通行本”，也是十九卷。

如下评价：

> 书中所载，专以供闲适消遣之用。标目编类，亦多涉纤仄，不出明季小品积习。遂为陈继儒、李渔等滥觞。又如张即之宋书家，而以为元人。范式官庐江太守，而以为隐逸。其讹误亦复不少。特抄撮既富，亦时有助于检核。其详论古器，汇集单方，亦时有可采。[1]

3.《清秘藏》(明张应文撰)

张应文(约1530—1594)，字茂实，昆山人，监生，屡试不第，乃一意以古器书画自娱，善属文，工书法，富藏书。书名取自倪瓒"清秘藏"，成书于明嘉靖、隆庆年间，共二卷三十门，上卷二十门，分别是论玉、古铜器、法书、名画、石刻、窑器、晋汉印章、砚、异石、珠宝、琴剑、名香、水晶玛瑙琥珀、墨、纸、宋刻书册、宋绣缂丝、雕刻、古纸绢素、装褫收藏；下卷十门，分叙赏鉴家、书画印识、法帖原委、临摹名手、奇宝、斫琴名手、唐宋锦绣、造墨名手、古今名论目、所蓄所见(图1-7)。这又是一部关于文房清玩的著作，尤为可取的是，本书在对各类古器加以鉴赏的基础上，留下了许多关于鉴赏家、名手的记载。《总目》对《清秘藏》的评价是：

> 其体例略如《洞天清录》。其文则多采前人旧论。如铜剑一条本江淹《铜剑赞》之类，不一而足，而皆不著

---

[1]［清］永瑢等撰：《四库全书总目》，北京：中华书局，1965年，2008年重印，第1059页。

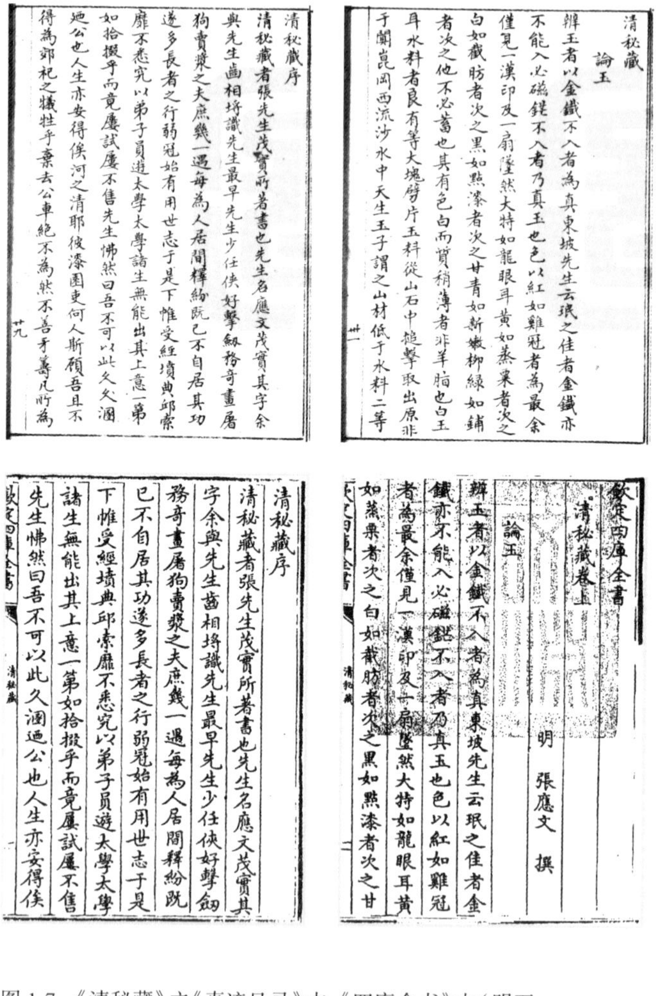
清秘藏

論玉

辨玉者以金鐵不入者為真東坡先生云珉之佳者金鐵亦不能入必磁鋸不入者乃真玉也色以紅如雞冠者為最余僅見一漢印及一扇墜然大特如龍眼耳黃如蒸栗者次之白如截肪者次之黑如點漆者次之甘青如新嫩柳綠如鋪者次之他不必蓄也其有色白而質稍薄者非羊脂也白玉耳水料者良有等大塊劈片玉料從山石中搥擊取出原非于闐崑岡西流沙水中天生玉子謂之山材低于水料二等

廿一

清秘藏序

清秘藏者張先生茂實所著書也先生名應文茂實其字余與先生齒相埒識先生最早先生少任俠好擊劍務奇畫屠狗賣漿之夫庶幾一遇每為人居間釋紛既已不自居其功遂多長者之行弱冠始有用世志于是下帷受經墳典邱索靡不悉究以弟子員遊太學太學諸生無能出其上意一第如拾掇乎而竟屢試屢不售先生怫然曰吾不可以此久溷廼公也人生亦安得俟河之清耶彼漆園吏何人斯顧吾且不得為郊祀之犧牲乎棄去公車絕不為然不善于壽凡所為

廿九

欽定四庫全書

清秘藏卷上

明 張應文 撰

論玉

辨玉者以金鐵不入者為真東坡先生云珉之佳者金鐵亦不能入必磁鋸不入者乃真玉也色以紅如雞冠者為最余僅見一漢印及一扇墜然大特如龍眼耳黃如蒸栗者次之白如截肪者次之黑如點漆者次之甘

欽定四庫全書 清秘藏

清秘藏序

清秘藏者張先生茂實所著書也先生名應文茂實其字余與先生齒相埒識先生最早先生少任俠好擊劍務奇畫屠狗賣漿之夫庶幾一遇每為人居間釋紛既已不自居其功遂多長者之行弱冠始有用世志于是下帷受經墳典邱索靡不悉究以弟子員遊太學太學諸生無能出其上意一第如拾掇乎而竟屢試屢不售先生怫然曰吾不可以此久溷廼公也人生亦安得俟

欽定四庫全書 清秘藏

图 1-7 《清秘藏》之《真迹日录》本、《四库全书》本（明至清代），中国国家图书馆藏，引自《景印文渊阁四库全书》

《清秘藏》版本有多种。明代初本今已不见，张应文之子张丑（1577—1643）编撰《真迹日录》将《清秘藏》附于文后刊行。清乾隆《四库全书》本题为“浙江鲍士恭家藏本”，共二卷，并记载“此本为鲍士恭家知不足斋所刊，原附丑《真迹日录》后，盖《山谷集》末载《伐檀集》之例”。

所出。盖犹沿明人剽剟之习。其中所列香名，多引佛经。所列奇宝，多引小说。颇参以子虚乌有之谈，亦不为典据。然于一切器玩，皆辨别真伪，品第甲乙，以及收藏装褙之类，一一言之甚详，亦颇有可采。[1]

4.《长物志》（明文震亨撰）

文震亨（1585—1645），字启美，长洲（今苏州）人，天启元年（1621）诸生，精于书画，其曾祖父文徵明与沈周、唐寅、仇英号称明代"四大家"。《长物志》刊行于明万历年间，共分十二卷：卷一《室庐》，卷二《花木》，卷三《水石》，卷四《禽鱼》，卷五《书画》，卷六《几榻》，卷七《器具》，卷八《衣饰》，卷九《舟车》，卷十《位置》，卷十一《蔬果》，卷十二《香茗》（图1-8）。全书内容丰富，种类众多，是一部明末文人清居生活的"百科全书"。其中《室庐》《书画》《几榻》《器具》《位置》等卷，与室内设计密切相关。文震亨提出"居山水间者为上，村居次之，郊居又次之。吾侪纵不能栖岩止谷，追绮园之踪，而混迹廛市，要须门庭雅洁，室庐清靓。亭台具旷士之怀，斋阁有幽人之致。又当种佳木怪箨，陈金石图书，令居之者忘老，寓之者忘归，游之者忘倦"[2]认为"书画在宇宙，岁月既久，名人艺士，不能复生，可不珍秘宝爱"；"古人制几榻，虽长短广狭不齐，置之斋室，必古雅可爱，又坐卧依凭，无不

---

[1] [清]永瑢等撰：《四库全书总目》，北京：中华书局，1965年，2008年重印，第1059页。

[2] [明]文震亨著：《长物志》，海军、田君注释，济南：山东画报出版社，2004年，第1页。

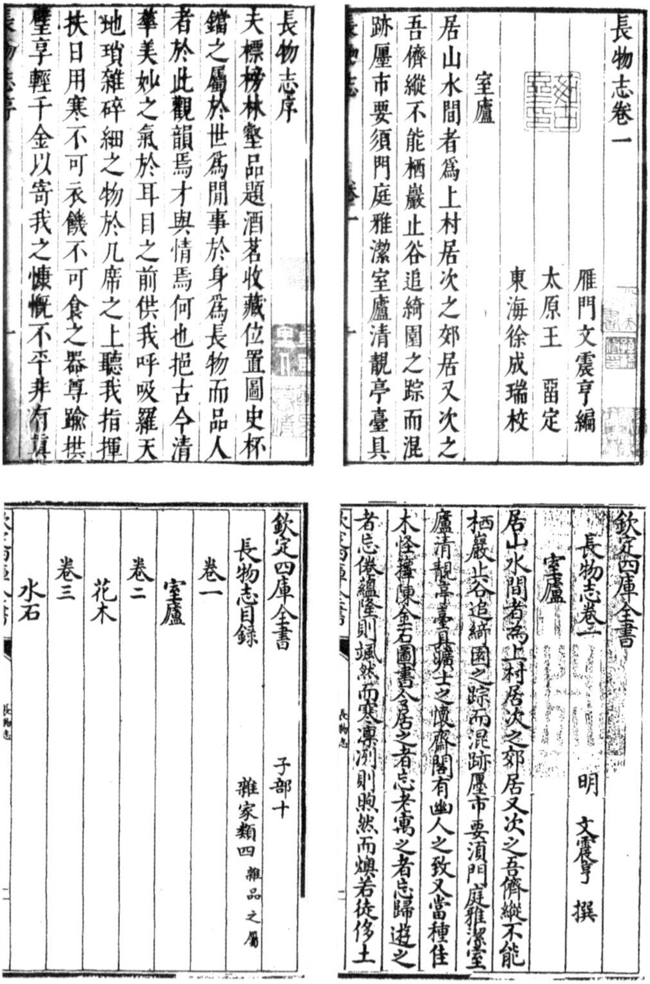
長物志卷一
雁門文震亨編
太原王　留定
東海徐成瑞校
室廬
居山水間者爲上村居次之郊居又次之
吾儕縱不能棲巖止谷追綺園之踪而混
跡廛市要須門庭雅潔室廬清靚亭臺具

長物志序
夫標榜林壑品題酒茗收藏位置圖史杯
鐺之屬於世爲閒事於身爲長物而品人
者於此觀韻焉才與情焉何也挹古今清
華美妙之氣於耳目之前供我呼吸羅天
地瑣雜碎細之物於几席之上聽我指揮
挾日用寒不可衣饑不可食之器尊踰拱
璧享輕千金以寄我之慷慨不平非有真

欽定四庫全書
長物志卷一
明　文震亨　撰
室廬
居山水間者爲上村居次之郊居又次之吾儕縱不能
棲巖止谷追綺園之踪而混跡廛市要須門庭雅潔室
廬清靚亭臺具曠士之懷齋閣有幽人之致又當種佳
木怪籜陳金石圖書令居之者忘老寓之者忘歸遊之
者忘倦蘊隆則颯然而寒凜冽則煦然而燠若徒侈土

欽定四庫全書　子部十
長物志目錄　雜家類四　雜品之屬
卷一
室廬
卷二
花木
卷三
水石

图 1-8 《长物志》之两册装本、《四库全书》本(明至清代),中国国家图书馆藏,引自《景印文渊阁四库全书》

《长物志》版本有十余种。明刻本有三种,一种为两册装,另一种为四册装,第三种装为三册,未注明年代版本。清乾隆《四库全书》本题为"浙江鲍士恭家藏本",该本卷八、卷九、卷十分别作《位置》《衣饰》《舟车》,与他本有较大差异。

便适"；"古人制具尚用，不惜所费，故制作极备，非若后
人苟且，上至钟鼎、刀剑、盘匜之属，下至隃糜、侧理，皆以
精良为乐"[1]。在此基础上，文震亨又对室庐、书画、几榻、
器具的布置作了论述，提出"位置之法，繁简不同，寒暑
各异，高堂广榭，曲房奥室，各有所宜，即如图书、鼎彝之
属，亦须安设得所，方如图画"。主张"韵士所居，入门便
有一种高雅绝俗之趣"[2]。《总目》对《长物志》给予了较
高评价：

> 凡闲适玩好之事，识悉毕具。大致远以赵希鹄《洞
> 天清录》为渊源，近以屠隆《考槃馀事》为参佐。明季山
> 人墨客，多以是相夸，所谓清供者是也。然矫言雅尚，反
> 增俗态者有焉。惟震亨世以书画擅名，耳濡目染，与众本
> 殊，故所言收藏赏鉴诸法，亦具有条理。[3]

5.《考槃馀事》(明屠隆撰)

屠隆(1543—1605)，字长卿，鄞县(今宁波)人，万
历五年(1577)进士，擅长诗文、戏曲和博古。其所撰《考
槃馀事》初刊于明万历三十四年(1606)，分为四卷，卷一
为书、帖；卷二为画、纸、墨、笔、研、琴；卷三、卷四为香、
茶、炉、瓶、家具、服饰、起居、文房等一切器用之类(图

---

[1]　[明]文震亨著：《长物志》，海军、田君注释，济南：山东画
报出版社，2004年，第151、259、288页。

[2]　[明]文震亨著：《长物志》，海军、田君注释，济南：山东画
报出版社，2004年，第411页。

[3]　[清]永瑢等撰：《四库全书总目》，北京：中华书局，1965年，
2008年重印，第1059页。

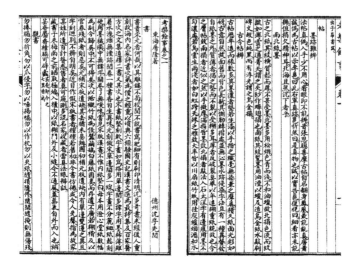

图1-9 《考槃馀事》之《宝颜堂秘笈》本（明代），中国国家图书馆藏

《考槃馀事》版本有十余种。明刻本有三种，一种为《尚白齐镌陈眉公订正秘笈》本，明万历三十四年（1606）沈氏尚白齐刻本，华亭（今上海）人陈继儒（1558—1639）主持编修；另一种为《宝颜堂秘笈》本，明万历四十八年（1620）刻本，陈继儒重修；第三种为《广百川学海》本，具体刊印时间不详，益都（今青州）人冯可宾（生卒年不详）主持编修。清乾隆《四库全书总目》存目的是"通行本"，为四卷。

1-9）。本书所载，皆与室内设计密切相关。卷一、卷二所有内容以及卷三、卷四部分内容记述了文房清玩，包括数十种之多，卷三部分内容记述了斋室家具，也有七个种类，卷四部分内容记述了园林建筑，又有六个种类。屠隆对每一种类都作了详细而精炼的论述，如《山斋》，主张"宜明净，不可太敞。明净可爽心神，宏敞则伤目力。……斋中几榻、琴剑、书画、鼎研之属，须制作不俗，铺设得体，

方称清赏,永日据席,长夜篝灯,无事扰心,尽可终老。童
非训习,客非佳流,不得入"[1]。再如《茶寮》,认为:"构一
斗室,相傍书斋,内设茶具。教一童子专主茶役,以供长
日清谈,寒宵兀坐。幽人首务,不可少废者。"[2]《总目》
对《考槃馀事》的评价有褒有贬:

是书杂论文房清玩之事。一卷言书版碑帖,二卷评
书画琴纸,三卷、四卷则笔砚炉瓶,以至一切器用服御之
物皆详载之,列目颇为琐碎。[3]

6.《老老恒言》(清曹庭栋撰)

曹庭栋(1699—1785),字楷人,嘉善人,少嗜学工
诗,中年后绝意进取,以读书著书为乐,工于诗文,擅长
养生。《老老恒言》初刊于清乾隆三十八年(1773),分为
五卷,卷一为安寝、晨兴、盥洗、饮食、食物、散步、昼卧、夜
坐;卷二为燕居、省心、见客、出门、防疾、慎药、消遣、导
引;卷三为书室、书几、坐榻、杖、衣、帽、带、袜、鞋、杂器;
卷四为卧房、床、帐、枕、席、被、褥、便器;卷五为粥谱说、
择米第一、择水第二、火候第三、食候第四、上品三十六、
中品二十七、下品三十七(图 1-10)。这又是一部关于养
生艺术的著作,与《遵生八笺》不同的是,《老老恒言》为

[1] [明]文震亨撰,[明]屠隆撰:《长物志·考槃馀事》,陈剑
点校,杭州:浙江人民美术出版社,2011 年,第 319 页。
[2] [明]文震亨撰,[明]屠隆撰:《长物志·考槃馀事》,陈剑
点校,杭州:浙江人民美术出版社,2011 年,第 321 页。
[3] [清]永瑢等撰:《四库全书总目》,北京:中华书局,1965 年,
2008 年重印,第 1114 页。

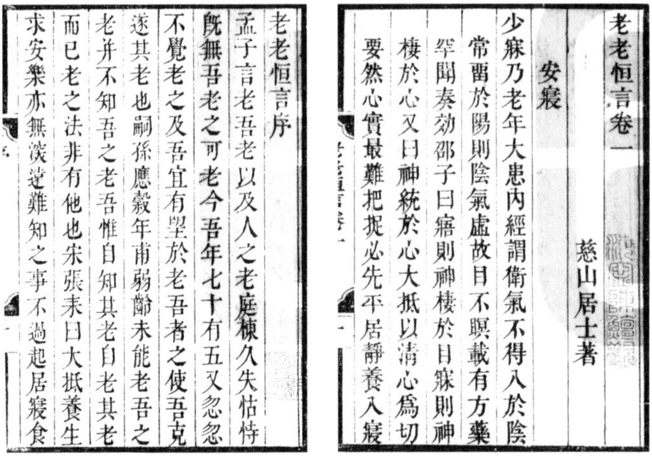
老老恒言序

孟子言老吾老以及人之老庭棟久失怙恃既無吾老之可老今吾年七十有五又忽忽不覺老之及吾宜有望於老吾者之使吾克遂其老也嗣孫應穀年甫弱齡未能老吾之老并不知吾之老吾惟自知其老自老其老而已老之法非有他也宋張耒曰大抵養生求安樂亦無深奧難知之事不過起居寢食

老老恒言卷一

慈山居士著

安寢

少寐乃老年大患內經謂衛氣不得入於陰常留於陽則陰氣虛故目不瞑載有方藥罕聞奏効邵子曰寤則神棲於目寐則神棲於心又曰神統於心大抵以清心爲切要然心實最難把捉必先平居靜養入寢

图 1-10　自刻本《老老恒言》(清代),中国国家图书馆藏

《老老恒言》版本有多种。据曹庭栋自序,“随笔所录,聚之以类,题曰《老老恒言》”,“概存其说,遂付梓以公诸世”,可知此书刻于清乾隆三十八年(1773),应为最早版本。清乾隆《四库全书总目》存目的是“浙江巡抚采进本”,为五卷。

老年养生著作。本书卷三、卷四,论及室内设计,包括居室布置、斋室家具、生活器具等。如《书室》,曹庭栋认为,朝向“室取向南,乘阳也”;窗户“南北皆宜设窗,北则虽设常关”,“秋冬垂幕,春夏垂帘,总为障风而设,晴暖时,仍可钩帘卷幕,以挹阳光”;地面“卑湿之地不可居……砖铺年久,即有湿气上侵,必易新砖”,亦可“铺以板,则湿气较微,板上亦可铺毯,不但举步和软,兼且毯能收湿”[1]。《总目》对《老老恒言》仅作了介绍:

[1] [清]曹庭栋撰:《老老恒言》,黄作阵等评注,北京:中华书局,2011年,第151-154页。

是书皆言衰年颐养之法。前二卷详晨昏动定之宜，次二卷列居处备用之要，末附粥谱一卷，借为调养之需。盖庭栋年七十五时作也。[1]

7.《枕中秘》(明卫泳撰)

卫泳（生卒年不详），字永叔，长洲（今苏州）人，据学者考证，他出身书香门第，家"有遗书不下于数万卷"，并"时时出付剞劂"，公诸世[2]。《枕中秘》初刊于明天启六年（1626），无卷数，分为二十五种，即闲赏、二六时令、国士谱、书宪、读书观、护书、悦容编、胜境、园史、瓶史、盆史、茶寮记、酒缘、香禅、棋经、诗诀、书谱、绘钞、琴论、曲调、拇阵、俗砭、清供、食谱、儒禅（图 1-11）。所编种类十分丰富，有许多内容都与室内设计密切相关。如《悦容编》，卫泳主张"须为美人营一靓庄地，或高楼，或曲房，或别馆村庄。清楚一室，屏去一切俗物，中置精雅器具，及与闺房相宜书画。室外须有曲阑纤径，名花掩映，如无隙地，盆盎景玩，断不可少"[3]。又认为"间房长日，必需款具，衣橱食□，岂可入清供，因列器具名目，天然几、藤床、小榻、醉翁床、禅椅、小墩、香几、笔砚、彩笺、酒器、茶具、花罇、镜台、妆盒、绣具、琴箫、棋枰，至于锦裘、纻褥、画

---

［1］［清］永瑢等撰：《四库全书总目》，北京：中华书局，1965年，2008年重印，第1115页。

［2］张一民：《〈悦容编〉著者考》，《图书馆杂志》，2007年第12期，第79页。

［3］［明］卫泳撰：《悦容编》，《笔记小说大观》第5编第5册，台北：台北新兴书局，1984年，第2773页。

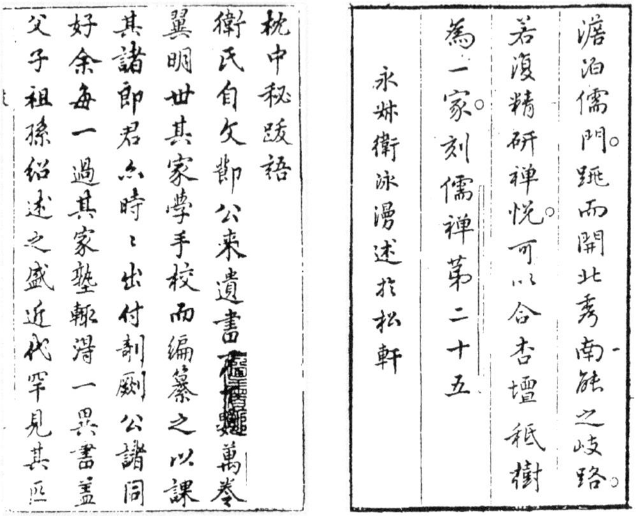

图1-11 自抄本《枕中秘》(明代),引自中国哲学书电子化计划

《枕中秘》版本有多种。其中"浙江汪启淑家藏本",有长洲(今苏州)人冯梦龙(1574—1646)作跋语,卫泳自述"丁卯夏,避暑竹窝,检阅群书,随手抄录,即便成帙",可知此书编于明天启六年(1626),应为最早版本。清乾隆《四库全书总目》存目的也是"浙江汪启淑家藏本",无卷数。

帐、绣帏,俱令精雅,陈设有序,映带房栊,或力不能办,则芦花被絮、茵布帘、纸帐,亦自成景"[1]。《总目》对《枕中秘》的介绍是:

> 王晫《今世说》曰,吴门之有永叔兄弟,犹建安之有二丁,平原之有二陆,时人号称双珠。其弟著作今未见。

[1] [明]卫泳撰:《悦容编》,《笔记小说大观》第5编第5册,台北:台北新兴书局,1984年,第2775页。

是编仿马总《意林》之体，采缀明人杂说凡二十五种……
皆隆万以来纤巧轻佻之词。[1]

三、《总目》子部杂家类未收的两部文人著作

　　《总目》子部杂家类收录了不少明清江南文人的著
作，但也有一些著作并未收录其中，如《园冶》《闲情偶
寄》等。《园冶》自明末刊行后，除清初李渔曾提及此
书[2]，未见别家著录与引用，清乾隆时几乎绝版。《闲情
偶寄》则是另一种待遇，《总目》在《遵生八笺》提要中曾
提及李渔（参见前文），但没有收录他的《闲情偶寄》。这
两部著作，从内容上看，都是研究明清江南文人室内设计
思想的重要文献资料。

　　1.《园冶》（明计成著）

　　计成（1579—？），字无否，松陵（今吴江）人，擅长诗
文、绘画，为明代杰出的造园家。他以自己的修养和见
识，结合自身的造园经验，写成《园冶》一书，初刊于明崇
祯七年（1634），共分三卷，卷一分兴造论、园说，园说下
分相地、立基、屋宇、装折四篇；卷二全志栏杆；卷三分门
窗、墙垣、铺地、掇山、选石、借景六篇（图1-12）。其中《立
基》《屋宇》《装折》《栏杆》《门窗》《墙垣》《铺地》等篇，

----

　　[1]　[清]永瑢等撰：《四库全书总目》，北京：中华书局，1965年，
2008年重印，第1129页。

　　[2]　"其法穷奇极巧，如《园冶》所载诸式，殆无遗义矣。"参见
[清]李渔著：《闲情偶寄》，江巨荣、卢寿荣校注，上海：上海古籍出版
社，2000年，第206页。

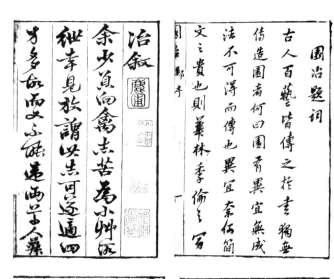

图 1-12　崇祯本《园冶》（明代），中国国家图书馆藏

　　据陈植先生考证，《园冶》于明崇祯七年（1634）由阮大铖刻印刊行，这是最早版本，没有郑元勋题词；第二个版本是明崇祯八年（1635）流传民间的残本，此本有郑氏题词，此题为手迹；1931年前后，董康和朱启钤将《园冶》收录于《喜咏轩丛书》，由中国营造学社刊印，为三卷本。

论及园林建筑及室内设计。计成提出"凡园圃立基，定厅堂为主"，屋宇"按时景为精"，装折"相间得宜，错综为妙"，栏杆"信画而成，减便为雅"，门窗"处处邻虚，方方侧景"，墙垣"从雅遵时，令人欣赏"，铺地"各式方圆，随宜铺砌"[1]等一系列原则和方法。至于计成提出"虽由人作，宛自天开"的创作宗旨，强调"巧于因借，精在体宜"的设计手法，以及"能主之人"在园林营造中的重要作用与地位等，同样适合室内设计。因为《园冶》所论造园艺术，包含了园林艺术、建筑艺术和室内艺术三个部分。《园冶·自序》中记载了明代文士曹元甫对该书的评价以及书名的由来：

　　暇草式所制，名《园牧》尔。姑孰曹元甫先生游于兹，主人偕予盘桓信宿。先生称赞不已，以为荆关之绘也，何能成于笔底？予遂出其式视先生。先生曰：斯千古未闻见者，何以云"牧"？斯乃君之开辟，改之曰"冶"可矣。[2]

2.《闲情偶寄》（清李渔著）

李渔（1611—1680），原名仙侣，字谪凡，后改名李渔，字笠鸿，兰溪人，两次乡试未果，遂绝意仕途，潜心著述，为清初文学家、戏曲家。《闲情偶寄》初刊于清康熙十年（1671），共分八部，分别为词曲部、演习部、声容部、

---

[1]　[明]计成原著，陈植注释：《园冶注释》，北京：中国建筑工业出版社，1988年，第71、79、110、137、171、184、195页。

[2]　[明]计成原著，陈植注释：《园冶注释》，北京：中国建筑工业出版社，1988年，自序。

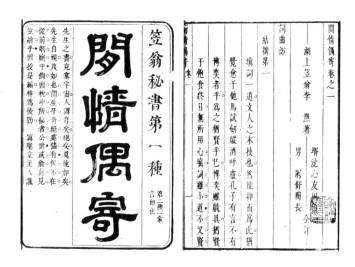

图 1-13 "翼圣堂"本《闲情偶寄》(清代),中国国家图书馆藏

　　《闲情偶寄》版本有多种。清康熙十年(1671)翼圣堂刻本,标有"笠翁秘书第一种",共分八部十六卷,应为最早版本。清雍正八年(1730)芥子园重新刊刻《笠翁一家言全集》,将十六卷本《闲情偶寄》合并为六卷本,改题为《笠翁偶集》。

居室部、器玩部、饮馔部、种植部和颐养部(图 1-13)。其中,《居室部》的"房舍第一""窗栏第二""墙壁第三""联匾第四""山石第五"五卷,论及园林建筑及室内设计,李渔提出"房舍与人,欲其相称","葺居治宅,与读书作文同一致也",必须"自出手眼,创为新异";同时强调"土木之事,最忌奢靡","居室之制,贵精不贵丽,贵新奇大雅,不贵纤巧烂漫"[1];进而认为窗栏要"制体宜坚""取景在

----

[1] [清]李渔著:《闲情偶寄》,江巨荣、卢寿荣校注,上海:上海古籍出版社,2000 年,第 180-182 页。

借”，墙壁为“内外攸分，而人我相半者”，联匾在于“堂联斋匾，非有成规”[1]。《器玩部》的“制度第一”“位置第二”两卷，论及器皿清玩及器玩布置，李渔提出“人无贵贱，家无贫富，饮食器皿，皆所必需”[2]；认为“位置器玩，与位置人才同一理也。设官授职者，期于人地相宜；安器置物者，务在纵横得当。……他如方圆曲直，齐整参差，皆有就地立局之方，因时制宜之法”[3]，而这种方法就是“忌排偶”与“贵活变”。清初文士余怀在《闲情偶寄》序中写道：

今李子《偶寄》一书，事在耳目之内，思出风云之表，前人所欲发而未竟发者，李子尽发之；今人所欲言而不能言者，李子尽言之……此非李子《偶寄》之书，而天下雅人韵士家弦户诵之书也。[4]

四、江南文人室内设计思想的文献特点

从以上《总目》子部杂家类收录的一些文人著作的介绍与分析来看，大多数著作都属于杂品，四库馆臣对它

---

[1]［清］李渔著：《闲情偶寄》，江巨荣、卢寿荣校注，上海：上海古籍出版社，2000 年，第 189、193、204、211 页。

[2]［清］李渔著：《闲情偶寄》，江巨荣、卢寿荣校注，上海：上海古籍出版社，2000 年，第 227 页。

[3]［清］李渔著：《闲情偶寄》，江巨荣、卢寿荣校注，上海：上海古籍出版社，2000 年，第 257 页。

[4]［清］李渔著：《闲情偶寄》，江巨荣、卢寿荣校注，上海：上海古籍出版社，2000 年，余怀序。

们的评价往往持有一种藐视的态度，称为"不出明季小品积习"。如果撇开这种评价暂且不谈，就它指出的明季小品的文学现象以及社会风气的转变，还是相当准确的。因此，我们可以从这些著作中，归纳出明清江南文人室内设计思想研究有关文献所具有的以下几个特点：

其一，文献作者，即文人。就文人的身份与地位而言，大致可以分为五类：一类是有官衔的文人；另一类是仕途终结、告老归里的文人；第三类是仕途不达、辞官归里的文人；第四类是科举考试失败，以生员终身或连生员科名也没有取得的文人；第五类是没有参加科举考试，但学养深厚的文人。他们长期定居或客居江南，潜心从事诗歌、散文、书法、绘画、小说、戏曲的创作与研究，同时，也涉足园林、建筑、家具、器具的设计与鉴赏，并撰写与出版相关的著作，其目的正如文震亨所说："小小闲事长物，将来有滥觞而不可知者，聊以是编堤防之。"其意义正如沈春泽在《长物志》序中所言："删繁取奢之一言，足以序是编也。"[1]

其二，文献所涉时段，主要集中在明中后期与清前中期。具体地说，许多著作首先出现在明正德至崇祯年间，正德、嘉靖以后，政治腐败，但经济、思想、文化却很发达，促使各种记述文人日常生活的著作纷纷问世，这一盛况一直持续到明代的陡然崩溃；其次出现在清顺治至嘉庆年间，满族贵族建立新政权后，采取"满汉一理"的民族

---

[1] [明]文震亨著：《长物志》，海军、田君注释，济南：山东画报出版社，2004年，序。

政策,笼络和使用一大批汉族文人士人,这在一定程度上促进了各种著作的刊印与出版。总体上看,清前中期的文人著作不及明中后期,由《总目》子部杂家类著录就可见一斑。

其三,文献所涉地域,即江南地区。就具体地域范围而言,明清人的"江南"概念相当模糊,考察明人对江南所指,可以分为狭义和广义两种概念,狭义指环太湖一带,广义指整个江浙与皖南。生活在江南地区的文人,在他们所撰的著作中,除以江南社会生活为记述对象外,还表现出对江南文化的挚爱。许多文人常以苏州为例,把苏州称为"吴中",苏州人称为"吴人",苏州制作称为"苏作",苏州式样称为"苏式",以此作为文人品位所塑造成的设计范式,并以这种范式作为"雅"的代表以及品评标准。

其四,文献所涉形式,还没有出现专门的室内设计著作,对室内设计及其思想的阐发,主要散落在文人专著、笔记、小说、图谱等著作中。《总目》子部杂家类收录和未收著作,主要属于专著类、笔记类文献。文人通过文房清玩著作,论述琴棋书画、笔墨纸砚、古玩文物的鉴赏与收藏;通过造园艺术著作,论述园林营造、建筑立基、内外装修、门窗墙垣等的原则与方法;通过养生艺术著作,论述居室布置、用具制备、花草盆景等的要义与方法,以及书画法帖、窑玉古玩、文房器具等的鉴赏与把玩;通过清居生活著作,论述作为文人整体生活一部分的园林建筑、斋室家具、器具陈设、位置经营等的欣赏与品位。

其五,文献所涉内容,包含了丰富的室内设计思想,涉及建筑、装修、家具、器具、位置的基本观念、认识态度、欣赏方式、审美趣味、作用地位、原则方法等。总体来说，这些设计思想，理论化程度较高，而实践经验较弱。虽然有许多文人参与了设计实践，如高濂设计多种出游用具，文震亨营造多处园林，李渔除营造园林外，还设计窗栏、联匾和家具等[1]，但相比而言，像计成那样以造园作为专门职业的毕竟是少数。从根本上讲，这是由中国古代文化所决定的，文人与工匠有着本质的区别，导致属于"器"的设计实践未受到足够重视，而属于"道"的设计思考却异常发达，由此形成文人特有的室内设计思想体系。

---

[1] 高濂设计了多种出游用具，其中重要的有：提盒、提炉、备具匣和酒尊。参见[明]高濂著：《遵生八笺》三笺《起居安乐笺下卷》，王大淳等整理，北京：人民卫生出版社，2007年，第234-235页。文震亨一生所建园林有四处：苏州高师巷的香草坨，苏州西郊的碧浪园，南京的水嬉堂，以及晚年在苏州东郊营建的竹禽茅舍，未就而卒。李渔一生所造园林也有四处：为自己所造的兰溪伊园、南京芥子园和杭州层园，为他人所造的张掖甘肃提督府后园假山。参见曹汛：《走出误区，给李渔一个定论》，《建筑师》，总第130期，2007年第06期，第93页。另外，李渔还设计了多种窗栏、联匾和家具，如山水图窗、尺幅窗、梅窗、蕉叶联、此君联、碑文额、手卷额、册页匾、虚白匾、石光匾、秋叶匾、暖椅、凉杌等。参见[清]李渔著：《闲情偶寄》之《居室部》《器玩部》，江巨荣、卢寿荣校注，上海：上海古籍出版社，2000年，第189-203页，第211-220页，第230-233页。

第二编

明代中后期江南文人的室内设计思想
——以认识、追求、方法为讨论范畴

明代中期，在江南地区形成一种崇尚"奢靡"的社会风气，而且这种风气发展到明后期更是有增无减，演进到更加普遍和张扬的地步。园林、建筑、室内的设计与营造，是作为这种社会风气的一部分而存在的。沈德符（1578—1642）在《万历野获编》中说："嘉靖末年，海内宴安，士大夫富贵者，以治园亭、教歌舞之隙，间及古玩。"[1]说明嘉靖末年，"治园亭""教歌舞"和"古玩"一起，已经在"士大夫富贵者"中普遍形成。面对社会风气的巨大变化，生活在这时期江南地区的文人，他们没有置身于世外，而是作出相应的反应，以造园等实际行为来回应世风的变化。

一、江南文人对室内设计的基本认识

明代中后期，许多江南文人基于"隐逸"思想，纷纷投身于造园，江南园林进入一个空前发展的时期。造园作为一门综合艺术，包括了园林艺术、建筑艺术和室内艺术三个部分。如计成（1579—?）的《园冶》、文震亨（1585—1645）的《长物志》、高濂（约1527—约1603）的《遵生八笺》、屠隆（1543—1605）的《考槃馀事》等在论述园林的同时，也论及建筑及室内设计（表2-1）。可以说，江南文人对室内设计是相当重视的，他们自有一套独特的基本认识，下面以建筑、装修、家具、器具为例加以

---

[1]　[明]沈德符撰：《万历野获编》卷二六《玩具》，北京：中华书局，1959年，第654页。

表2-1　《遵生八笺》《考槃馀事》《长物志》与《园冶》四书所载建筑及室内设计之比较

作者	书名	初刊时间	卷数	位置	侧重
高濂	《遵生八笺》	明万历十九年（1591）	十九卷	三笺《起居安乐笺上下卷》，六笺《燕闲清赏笺上中下卷》等	室内设计
屠隆	《考槃馀事》	明万历三十四年（1606）	四卷	卷一、卷二、卷三、卷四等	室内设计
文震亨	《长物志》	明万历年间（未注明年代）	十二卷	卷一《室庐》，卷五《书画》，卷六《几榻》，卷七《器具》，卷十《位置》等	建筑及室内设计
计成	《园冶》	明崇祯七年（1634）	三卷	卷一《立基》《屋宇》《装折》，卷二《栏杆》，卷三《门窗》《墙垣》《铺地》等	建筑及室内设计

具体说明。

1. 建筑：居者忘老，寓者忘归，游者忘倦

明代中后期江南造园中，"建筑"的作用与地位得到重视，使园林的总体效果发生巨大的变化。这一显著特点不仅体现在园林营造中，也反映在园林著述中。如计成的《园冶》有一半篇幅都是论述园林建筑，他把建筑称为"屋宇"，并将其分为门楼、堂、斋、室、房、馆、楼、台、阁、亭、榭、轩、卷、广、廊等十五种类型。文震亨的《长物志》卷一即为园林建筑，他称为"室庐"，并把室庐分为门、阶、窗、栏杆、照壁、堂、山斋、丈室、佛堂、桥、茶寮、琴室、浴室、街径庭除、楼阁、台等十六种类型。从两位文人精英的建筑分类来看，其类型有着明显的区别，计成的分类科学合理，文震亨的分类则具有文人特点，他是从文人品位的角度把建筑分为要素和种类两大类。不仅如此，计成还提出不同于一般建筑的园林建筑设计原则，即

图 2-1　倪瓒（传）《狮子林图》（明代），故宫博物院藏

　　《狮子林图》纸本，水墨，纵30厘米，横100厘米，为明洪武六年（1373）相传无锡（今属江苏）人倪瓒（1301—1374）所作。此图卷描绘了狮子林早期的水池假山、佛祠僧榻、斋堂轩阁等，以清幽取胜。清乾隆帝对其十分钟爱，在图首题"云林清閟"四字，前后隔水各题五言一首，画幅上又作六次题跋。

　　"按时景为精"；文震亨提出"吾侪纵不能栖岩止谷，追绮园之踪，而混迹廛市，要须门庭雅洁，室庐清靓。亭台具旷士之怀，斋阁有幽人之致。又当种佳木怪箨，陈金石图书，令居之者忘老，寓之者忘归，游者忘倦"[1]的设计要求。为达到这种要求，文震亨以汉初隐士绮里季、东园公等为榜样，认为亭台要有"旷士之怀"，斋阁要有"幽人之致"，通过各种建筑的营造，以及庭院佳木怪箨的种植，室内金石图书的陈设，使居者忘老、寓者忘归、游者忘倦。文震亨道出了建筑设计的根本目的（图2-1～图2-4）。

---

　　[1]　[明]文震亨著：《长物志》卷一《室庐》，海军、田君注释，济南：山东画报出版社，2004年，第1页。

图 2-2　沈周《东庄图》(明代),南京博物院藏

　　《东庄图》纸本,设色,每开纵28.6厘米、横33厘米,原有二十四开,现存二十一开,是长洲(今苏州)人沈周(1427—1509)为其挚友吴宽(1435—1504)祖上遗留下来的别业所作,每开一个园景,并有李应祯(1431—1493)题名。二十一景分别是:东城、菱濠、西溪、南港、北港、稻畦、果林、振衣网、鹤洞、艇子浜、麦山、竹田、折桂桥、续古堂、拙修庵、耕息轩、曲池、朱樱径、桑洲、全真馆、知乐亭。选图为续古堂、拙修庵、耕息轩三景。

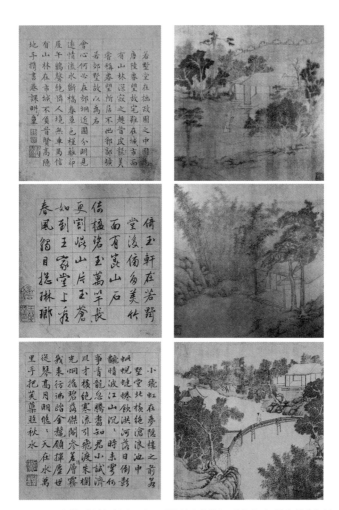

图 2-3 文徵明《拙政园三十一景图》(明代),引自董寿琪编著《苏州园林山水画选》

《拙政园三十一景图》绢本,设色,每开纵26.4厘米,横30.5厘米,共三十一开,是长洲(今苏州)人文徵明(1470—1559)数次为其好友王献臣(1473—约1543)所作,每开描绘一个园景,并题诗一首。三十一景分别是:若墅堂、倚玉轩、小飞虹、梦隐楼、繁香坞、小沧浪、芙蓉隈、意远台、钓碧、水华池、深净亭、志清处、柳隩、待霜亭、怡颜处、听松风处、来禽囿、玫瑰柴、珍李坂、得真亭、蔷薇径、桃花沜、湘筠坞、槐幄、槐雨亭、尔耳轩、芭蕉槛、竹涧、瑶圃、嘉实亭、玉泉。选图为若墅堂、倚玉轩、小飞虹三景。

图 2-4　钱穀《求志园图》(明代),故宫博物院藏

　　《求志园图》纸本,设色,纵29.8厘米,横190.2厘米,是吴县(今苏州)人钱穀(1508—1578后)应友人张凤翼(1527—1613)之请,描绘其家园春夏之景。画面从右侧园门起,以怡旷轩、风木堂、尚友斋为中心,前有庭,后有园,渐次展开,形成一幅身居闹市、追求"与深山野水为友"的园林图卷。图首有文徵明题"文鱼馆"三字,图尾有王世贞(1526—1590)书《求志园记》。

2. 装修：相间得宜,错综为妙

　　"装修"一词,在明代亦称"装折",主要用于江南地区。在江南文人著述中,记述装修的并不多见,而将其与建筑等同对待并作为篇章条目加以论述的,仅见于计成的《园冶》。他在书中专设《装折》篇,开篇就指出"凡造作难于装修",为此提出"曲折有条,端方非额,如端方中

图 2-5 计成《园冶》中的长槅式和短槅式（明代），中国国家图书馆藏

　　计成在《园冶》装折篇中从"式"与"图式"两个方面，提出2种户槅式及43种槅棂式、8种束腰式，每式都以图样进行解说。长槅式、短槅式是户槅的基本形式，槅棂式、束腰式是户槅的构成要素，以此作为园林装修的标准和样式。

须寻曲折，到曲折处还定端方，相间得宜，错综为妙"[1]的设计原则，还介绍了屏门、仰尘、户隔、风窗等四种装修做法（图 2-5，图 2-6）。此外，《栏杆》篇也是装修的重要组成部分。文震亨在《长物志》卷一《室庐》的结尾设有《海论》篇，可看成是对前述的总结和补充，其中也谈到了装修，如承尘、地衣、楼梯、幔帐、板隔、卷棚等，通篇对各种装修及其适合的建筑类型、室内空间从"忌用"与"可用"两个方面作了界说。总体来看，室内装修可分为

　　[1]　[明]计成原著，陈植注释：《园冶注释》，北京：中国建筑工业出版社，1988 年，第 110 页。

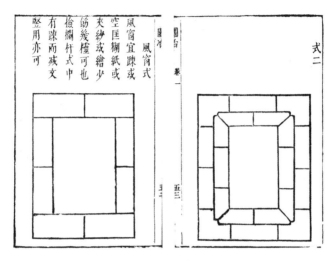

图 2-6　计成《园冶》中的风窗式（明代），中国国家图书馆藏

　　计成在《园冶》装折篇中从"式"与"图式"两个方面，又提出 2 种风窗式及冰裂式、两截式、三截式、梅花式、梅花开式，每式均以图样详细解说。2 种风窗式是风窗的基本形式，其他式可看成是风窗的变化形式，作为园林装修的标准和样式。

界面、隔断、天花三大类，设计上讲求曲折有条理，方正无定则，两者之间的关系如计成所说，相间得宜，错综为妙。

　　3. 家具：古雅可爱与无不便适

　　与装修相比较而言，江南文人更加关注"家具"。如高濂在《遵生八笺》记述"怡养动用事具"时把家具统称为"动用事具"，涉及二宜床、竹榻、靠几、倚床、短榻、藤墩、仙椅、隐几、滚凳、蒲墩、禅椅等十一种家具。屠隆在《考槃馀事》卷三中也谈到榻、短榻、禅椅、隐几、坐墩、坐团、滚凳等七种家具。王圻（生卒年不详）、王思义在《三才图会》器用卷中也绘有醉翁椅、几桌、杌、床、榻、屏风、柜等七类家具（图 2-7）。文震亨在《长物志》中以"几榻"

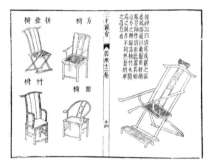
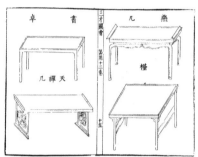
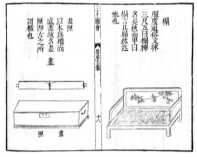
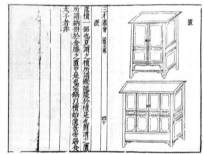

图 2-7 王圻、王思义《三才图会》中的家具图（明代），引自《三才图会》

  《三才图会》刊行于明万历三十七年（1609）前后，为松江华亭（今上海）人王圻及其子王思义编纂。全书共一百零六卷，其中"器用"分十二卷，一、二卷为古器类，三卷为乐器类，四卷为舞器、射侯、舟类，五卷为车舆、渔类，六、七、八卷为兵器类，九卷为蚕织类，十、十一卷为农器类，十二卷为什器类。什器类中又包括文房用具、家具、器具等，所记事物，图文并茂，互为印证。

为题，并以专卷形式对各种家具作了论述，包括榻、短榻、几、禅椅、天然几、书桌、壁桌、方桌、台几、椅、杌、凳、交牀、橱、架、佛厨、佛桌、牀、箱、屏、脚凳等二十一种家具。此外，晚明还出现了家具专著，如戈汕（生卒年不详）所撰的《蝶几谱》，介绍了用三角形和梯形几，共计六种十三张，可拼出一百多种桌子样式，被视为七巧板的原型

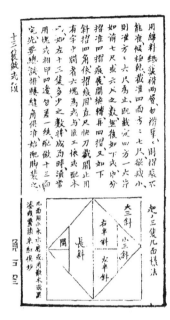

图 2-8　戈汕《蝶几谱》(明代)，中国国家图书馆藏

　　《蝶几谱》成书于明万历四十五年(1617)，为常熟人戈汕所撰；同为常熟人的毛晋(1599—1659)将其作为《山居小玩》收录的十种著作中，于明崇祯二年(1629)刊行。"蝶几"是三角形和梯形几，共计六种十三张；用蝶几拼出的图形，能组成亭、山、磬、鼎、瓶、床帐、蝴蝶等形状，变幻无穷，形态各具；在实用之余，可转为清玩，成为七巧板的原型。

　　(图 2-8)。在以上几部著述中，文震亨对家具的论述具有一定代表性："古人制几榻，虽长短广狭不齐，置之斋室，必古雅可爱，又坐卧依凭，无不便适。燕衎之暇，以之展经史、阅书画、陈鼎彝、罗肴核、施枕簟，何施不可?"[1]在这段文字中，文震亨从提倡古制的角度提出了家具设

────────────

　　[1]　[明]文震亨著：《长物志》卷六《几榻》，海军、田君注释，济南：山东画报出版社，2004 年，第 259 页。

计的思想和要求：置于室内的家具，须"古雅可爱"，也即以古为雅作为家具设计的审美标准；坐卧依凭的家具，要"无不便适"，也就是以实用为本作为家具设计的衡量标准；而家具的功能与作用，在于展示经史、阅览书画、陈设鼎彝、罗列肴核、施于枕簟等（图2-9～图2-13）。

图2-9 黄花梨四出头官帽椅（明代），故宫博物院藏

官帽椅因像古代官吏佩戴的帽子而得名，它的搭脑和扶手有出头和不出头之分。此椅横57厘米，纵43.5厘米，高107.5厘米，以黄花梨木制成；搭脑两端向上翘起，靠背向后弯曲，扶手与鹅脖为弯材，座面用藤心，四腿为圆材；通体无饰，简练明快，弯曲中见方正，朴素中显大气，具有明式家具常见的特点。

图 2-10　黄花梨雕螭纹圈椅（明代）,故宫博物院藏

　　圈椅因靠背形状如圆圈而得名,王圻、王思义《三才图会》
称之为"圆椅"。此椅横63厘米、纵45厘米、高103厘米,以黄
花梨木制成;弧形椅圈自搭脑伸向两侧,通过后边柱向前顺势
而下形成扶手,背板向后弯曲,板面雕螭纹,座面用藤心,座面
下装壶门券口,四腿外撇。圈椅由交椅演变而来,此椅上半部
还留有交椅的形式。

图 2-11 黄花梨条桌(明代),故宫博物院藏

条桌是指其形制窄而长的桌子,其形式又可分为无束腰、有束腰、高束腰等多种。此桌长111厘米,宽54.5厘米,高71厘米,以黄花梨木制成;桌面边沿与牙条齐平,四腿间装裹腿罗锅枨,四腿圆柱形,桌边沿线脚圆形,不起棱角,柔和圆润;通体无饰,简练舒展,方正大气,具有明代竹藤家具的特点。

图 2-12 黄花梨独板围子罗汉床(明代),故宫博物院藏

　　床与榻既有区别也有联系,有床身而无其它的卧具称为"榻",床上靠背和两侧装围子的称为"罗汉床"。此床长218.5厘米,宽114厘米,高79厘米,以黄花梨木制成;为三屏式床围,由靠背围子及两侧扶手围子组成,床面用藤屉,床下有束腰,束腰下装壶门牙板,四腿用鼓腿彭牙,足端雕成内翻蹄足;通体无饰,简洁精雅,具有明式家具的特点。

图 2-13　紫檀木棂格架格（明代），故宫博物院藏

　　架格是陈设器具、存放物品的家具，它也常被称为"书架"或"书格"。此格长101厘米，宽51厘米，高191厘米；为四面平式，分三层，正面开敞，两侧及背面镶棂格，以紫檀木制成，惟背面正中板条为黄花梨木，腿足外圆内方；架格三面镶棂格繁多，但整体通透空灵，显得明快大气，美观秀丽。

4. 器具：制具尚用与制作极备

与家具一样，"器具"也是江南文人十分关注的事物（图2-14）。如高濂在《遵生八笺》中按照功能用途把器具分为用于室外交游的"游具"和用于室内书房的"文

图2-14　仇英《人物故事图》中的《竹院品古》（明代），故宫博物院藏

《人物故事图》绢本，设色，共十开，每开纵41.4厘米，横33.8厘米，为太仓（今属江苏）人、寓居苏州的仇英（约1501—约1551）所作。其中的《竹院品古》描绘的文人举止高雅潇洒，建筑器玩工整精细，山石竹林形态各具，营造了一个文人品古的竹院环境。

房器具",认为"文房器具,非玩物等也",涉及文具匣、砚匣、笔格、笔床、笔屏、水注、笔洗、水中丞、砚山、印色池、印色方、雅赏斋印色方、糊斗、法糊方、镇纸、压尺、图书匣、秘阁、贝光、裁刀、书灯、笔砚、墨匣、蜡斗、笔船、琴剑、香几等二十七种文房器具。屠隆在《考槃馀事》中也有类似的记述,所谈文房器具达数十种之多。文震亨在《长物志》中设有《器具》专卷,对文人生活中的香炉、香合、隔火、匙筋、筋瓶、袖炉、手炉、香筒、笔格、笔牀、笔屏、笔筒、笔船、笔洗、笔砚、水中丞、水注、糊斗、蜡斗、镇纸、压尺、秘阁、贝光、裁刀、剪刀、书灯、灯、镜、钩、束腰、禅灯、香橼盘、如意、麈、钱、瓢、钵、花瓶、钟磬、杖、坐墩、坐团、数珠、番经、扇、扇坠、枕、簟、琴、琴台、研、笔、墨、纸、剑、印章、文具、梳具等五十八种器具作了详尽论述。从以上罗列的器具名称不难看出,江南文人对器具是相当重视和讲究的,尤其是文房器具更是如此,不仅数量众多,而且种类丰富。文震亨认为:"古人制具尚用,不惜所费,故制作极备,非若后人苟且,上至钟鼎、刀剑、盘匜之属,下至隃糜、侧理,皆以精良为乐。"[1]在这里,文震亨也是从提倡古制的角度,对古人制器尚用、制作极备、精良为乐的传统给予充分肯定,并以此为参照,批评时人在器具制作上雅俗莫辨、目不识古的现象(图2-15~图2-19)。

<hr>

[1] [明]文震亨著:《长物志》卷七《器具》,海军、田君注释,济南:山东画报出版社,2004年,第288页。

图 2-15　周丹泉款娇黄锥拱兽面纹瓷鼎（明代），"台北故宫博物院"藏

　　周丹泉（生卒年不详）为晚明长洲（今苏州）人，不仅精绘事、善叠石，而且精通工艺美术。此鼎高16.8厘米，口径13.3厘米，圆鼎式炉身，沿口饰双立耳，底接管状三足，足壁饰泥条，通体施娇黄色釉，炉身前后饰兽面纹，间以金钱纹和花朵，底部题款"周丹泉造"。

图 2-16　宜兴"时大彬"款紫砂胎剔红山水人物图执壶
（明代），故宫博物院藏

　　时大彬（生卒年不详）为明末清初宜兴人，制壶名家。
此壶高 13.2 厘米，口径 7.6 厘米，为紫砂胎，方体，圆口，曲
流，环柄，壶门足，通体髹红漆，雕山水人物纹样，壶底髹黑
漆，漆下红漆题款"时大彬造"。据考证，时大彬所制紫砂
器为漆器胎骨者，仅见此件，实属珍贵。

图 2-17　朱鹤款竹雕松鹤竹梅图
笔筒（明代），南京博物院藏

　　朱鹤（生卒年不详）为晚明嘉定
（今上海）人，嘉定派竹刻的开山始
祖。此笔筒高 17.8 厘米，外壁以山
间老松鳞皴巨干为主体，仙鹤、梅桩
及竹叶灵芝环绕四周，留白处浅刻
小楷："余至武陵，宿于丁氏三清轩，
识竹溪兄，笃于气谊之君子也。岁
之十月，为尊甫熙伯先生八佚寿，作
此奉祝"，"辛未七月朔日，松隣朱
鹤"款识。

图 2-18　濮仲谦款竹雕会昌九老
图竹香筒（明代），南京博物院藏

　　濮仲谦（生卒年不详）为晚明
金陵（今南京）人，金陵派竹刻的创
始人。此香筒长 17.5 厘米，直径 3.9
厘米，筒体图案以"会昌九老雅集"
为题材（即在唐武宗会昌五年白居
易等九位老者于洛阳南郊龙门香
山寺举办游山雅集之盛事），运用
镂空浅浮雕人物、山水、树木、楼阁
等，画面下端怪石隐秘处，浅刻行
书"仲谦"款识，印鉴篆书"濮"朱
文。

图 2-19　程君房制凤阙墨（明代），上海博物馆藏

程君房（生卒年不详）为晚明歙县（今属安徽）人，制墨名家，著有《程氏墨苑》一书，收录自制墨品五百余式。此墨呈圆形，径12.4厘米，墨质坚精密致，雕刻生动流畅，正面刻云雾缭绕的仙山楼阁，背面题"勾立帝城双凤阙"，旁有"君房"款识。

二、江南文人对室内设计的总体追求

江南文人从各自的认识角度，对建筑、装修、家具、器具的概念、类型、思想和要求等作了界说，目的是要确立一种室内设计的标准。为了这样一种标准，江南文人进而提出室内设计的总体追求，主要表现在美学、艺术、境界、效果等方面。

　　1. 美学：贵雅忌俗

　　明代中后期，有许多江南文人从美学的角度，对"雅"与"俗"作了区分，若论系统和深入程度，则以文震亨的《长物志》最具代表性。他在书中提出了一种理想的居室环境："云林清秘，高梧古石中，仅一几一榻，令人想见其风致，真令神骨俱冷。故韵士所居，入门便有一种高雅绝俗之趣。"[1] 而这种"高雅绝俗"的美学追求，在于"室庐有制，贵其爽而倩、古而洁也；花木、水石、禽鱼有经，贵其秀而远、宜而趣也；书画有目，贵其奇而逸、隽而永也；几榻有度，器具有式，位置有定，贵其精而便、简而裁、巧而自然也"[2]。反之，文震亨在书中也批评时人在室庐上，"若徒侈土木，尚丹垩，真同桎梏樊槛而已"；书画上，"若徒取近代纸墨，较量真伪，心无真赏，以耳为目，手执卷轴，口论贵贱，真恶道也"；几榻上，"今人制作，徒取雕绘文饰，以悦俗眼，而古制荡然，令人慨叹实深"；器具上，"今人见闻不广，又习见时世所尚，遂致雅俗莫辨。更有专事绚丽，目不识古，轩窗几案，毫无韵物，而侈言陈设，未之敢轻许也"；位置上，"若使前堂养鸡牧豕，而后庭侈言浇花洗石，政不如凝尘满案，环堵四壁，犹有一种萧寂气味耳"[3]。文震亨极力把"雅"与"俗"区分开来，

　　[1]［明］文震亨著：《长物志》卷十《位置》，海军、田君注释，济南：山东画报出版社，2004年，第411页。

　　[2] 沈春泽：《长物志·序》，参见［明］文震亨著：《长物志》，海军、田君注释，济南：山东画报出版社，2004年，第1页。

　　[3]［明］文震亨著：《长物志》卷一《室庐》，卷五《书画》，卷六《几榻》，卷七《器具》，卷十《位置》，海军、田君注释，济南：山东画报出版社，2004年，第411、151、259、288、411页。

反复强度"雅""古雅""高雅""清雅""精雅""雅洁""雅道"等,凡与这种美学标准相左的,都遭到摒弃,被斥为"俗""恶俗""俗气""俗套""俗制""俗式""俗品""不入品""最可厌""断不可用""俗不堪用"等。总之,文震亨要倡导的是贵"雅"忌"俗"。按照他的观点,这里所谓的"雅",笼统地说就是要符合古制,重视天巧与自然,而繁复的雕刻与奢华的装饰,就是他所谓的"俗"。

可以说,贵"雅"忌"俗"是江南文人共同的美学追求,它十分明显地体现在室内设计中。以室内装修中的"天花板"为例,计成认为:"仰尘,即古天花板也。多于棋盘方空画禽卉者类俗,一概平仰为佳,或画木纹,或锦,或糊纸,惟楼下不可少。"[1]文震亨认为:"忌用承尘,俗所称天花板是也,此仅可用之廨宇中。"又认为:"地屏、天花板虽俗,然卧室取干燥,用之亦可,第不可彩画及油漆耳。"[2]有意思的是,两人都从"雅"与"俗"的角度,对古已有之的"天花板"作出了判断,文震亨提出一般情况下忌用,但也可以用于卧室,不可饰以彩画和油漆;计成针对世俗做法,提出改进方法,以画木纹、裱绢、糊纸饰之,并认为楼下顶棚不可少(图2-20)。

2. 艺术:尊古与作新

明代文学艺术领域,曾经出现过两种文艺思潮:一种是复古思潮;另一种是反复古的求新思潮。文震亨的

---

[1] [明]计成原著,陈植注释:《园冶注释》,北京:中国建筑工业出版社,1988年,第113页。

[2] [明]文震亨著:《长物志》卷一《室庐》,卷十《位置》,海军、田君注释,济南:山东画报出版社,2004年,第29、422页。

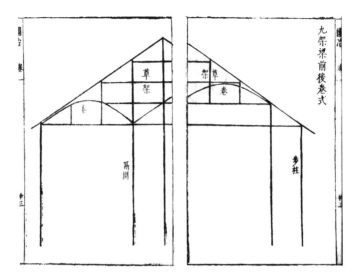

图 2-20　计成《园冶》中的九架梁前后卷式（明代），中国国家图书馆藏

　　计成在《园冶》屋宇篇中提出的屋宇图式之一，从中可以看出室内装修的重要作用，用前后卷可以限定空间，用隔间可以分隔空间。"卷"与"轩"有着密切关系，"轩"实质上是一种天花板做法，是《园冶》中"卷"的转音，苏州人称为"翻轩"，广泛用于苏州园林的主要建筑中，一般建筑不用轩而用平板天花。

　　《长物志》集中体现了复古思潮的主张和思想。他在书中十分强调"古""古制""古式""旧制""旧式"等，其出现频率仅次于"雅"与"俗"，而且他所谓的"雅"，其实就是一种"古雅"，即以符合古制为高雅的艺术追求。以"几榻"为例，如榻"有古断纹者，有元螺钿者，其制自然古雅。……他如花楠、紫檀、乌木、花梨，照旧式制成，俱可用，……更见元制榻，有长一丈五尺，阔二尺余，上无屏者，盖古人连牀夜卧，以足抵足，其制亦古"；天然几"第以阔大为贵，长不可过八尺，厚不可过五寸，飞角处不可太尖，须平圆，乃古式"；椅，"椅之制最多，曾见元螺钿椅，大可容二人，其制最古。乌木镶大理石者，最称贵重，然亦须照古式为之"。[1]文震亨强调"古"，以此来反对"时"，即他所说的"宁古无时"，主张家具形制要符合古制，而对时人一改既有形制、追求新意的家具，他都认为是"俗物""最可厌""不可用"。如榻"近有大理石镶者，有退光朱黑漆，中刻竹树，以粉填者，有新螺钿者，大非雅器。……一改长大诸式，虽曰美观，俱落俗套"；天然几"近时所制，狭而长者，最可厌"；椅"其折叠单靠、吴江竹椅、专诸禅椅诸俗式，断不可用"，[2]等等。

计成的《园冶》则体现了求新思潮的思想与观念。他在首篇《兴造论》一开头就明确提出"能主之人"的概念，以古代文人陆云为榜样，强调文人设计师在造园中的重要作用与地位。计成对"新"与"旧"也有直接论述，并把"新"与"雅"联系在一起。如《园说》篇"制式新番，裁除旧套"；《屋宇》篇"探其合志，常套俱裁"；《门窗》篇"不惟屋宇翻新，斯谓林园遵雅"；《借景》篇"花殊不谢，景摘偏新"。[3]可见，去"旧套""常套"而立"新番"，以及建筑"翻新"、园林"遵雅"都是计成所关注的，对"新"的艺术追求，既表现在造园手段上，也表现在造园结果上。与文震亨强调"古"反对"时"恰好相反，计成在强调

[1]［明］文震亨著：《长物志》卷六《几榻》，海军、田君注释，济南：山东画报出版社，2004年，第262、268、273页。

[2]［明］文震亨著：《长物志》卷六《几榻》，海军、田君注释，济南：山东画报出版社，2004年，第262、268、273页。

[3]［明］计成原著，陈植注释：《园冶注释》，北京：中国建筑工业出版社，1988年，第51、79、171、243页。

"新"的同时，也十分推崇"时"。如《屋宇》篇"时遵雅朴，古摘端方"；《装折》篇"门扇岂异寻常，窗棂遵时各式"，"构合时宜，式徵清赏"；《门窗》篇"门窗磨空，制式时裁"；《墙垣》篇"从雅遵时，令人欣赏，园林之佳境也"。[1]以上所述，都是主张园林建筑及室内设计要合"时"，并把它作为构成园林佳境的准则之一（图 2-21）。此外，计成所撰的《园冶》，正如吴中名士曹元甫在该书"自序"所言，"斯千古未闻见者"，"斯乃君之开辟"，就足以说明《园冶》是计成求新的最大成果。

需要指出的是，对于园林、建筑、室内设计中的"古""旧""新""雅""时"等问题，计成与文震亨所持的观点虽有不同，但他们二人都作了当时最为精确的诠释。

3. 境界：天造与自然

在江南文人看来，园林、建筑、室内设计的境界追求，其根本是"天造"，类似的词语还有"天开""天成""天设""天巧"等。如顾璘（1476—1545）在《东园雅集诗序》中描写徐氏东园时说"力夺天造"，计成在《园冶》中说"虽由人作，宛自天开"，作为"天造"的结果，人工造物就可以得到"天趣"。如邵宝（1460—1527）《天趣园十景歌》所述，"石壁巉岩天斫成，一屏万古长青青"，以人造山石犹如天成，进而得到"天趣"的园林境界。王世贞（1526—1590）《弇山园记》所述，"大抵'中弇'以石胜，而'东弇'以目境胜。'东弇'之石，不能当'中弇'十二，

---

[1]［明］计成原著，陈植注释：《园冶注释》，北京：中国建筑工业出版社，1988 年，第 79、79、110、171、184 页。

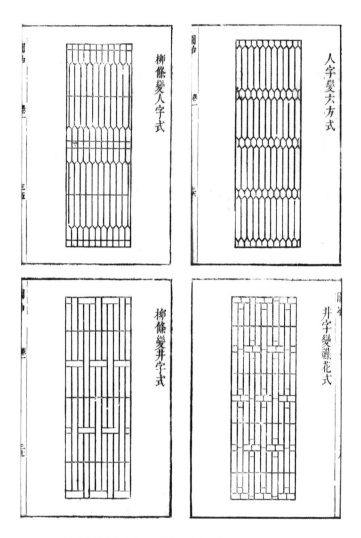

图 2-21　计成《园冶》中的户槅柳条式（明代），中国国家图书馆藏

　　计成在《园冶》装折篇中提出 7 式 43 种柳条式及其变式，包括户槅柳条式、柳条变人字式、人字变六方式、柳条变井字式、井字变杂花式、玉砖街式、八方式等，每式都以图样一一详解，可见计成对柳条式的高度重视，以及求新的非凡能力和高超水平。

图 2-22 钱毅《纪行图册》中的《小祇园图》（明代），"台北故宫博物
院" 藏

　　《纪行图册》绢本，设色，每开纵28.5厘米，横39.1厘米，共三十二开，
每开一景，由吴县（今苏州）人钱毅（1508—1578后）绘制，描绘了王世贞
从小祇园到扬州的沿路风景。小祇园即王世贞在太仓所建的弇山园，《小
祇园图》绘于1574年，此时园中已先后完成中弇、西弇的叠造，而东弇直到
1576年才最终完工。

而目境乃莅之。'中弇'尽人巧，而'东弇'时见天趣"[1]，
通过两处园林特点的比较，说明"中弇"得到人工之巧，
而"东弇"得到自然之趣的园林境界（图2-22）。

　　"天造"的境界追求也常以"自然""天然"等词语来
表达，以此作为"天造"的实在呈现。在计成、文震亨等

---

　　[1]　[明]王世贞：《弇山园记》；引自陈植，张公驰选注：《中国
历代名园记选注》，合肥：安徽科学技术出版社，1983年，第148页。

人的著述中，"自然"就是一个重要的设计标准。以文震亨《长物志》中的"几榻"为例，如榻"有古断纹者，有元螺钿者，其制自然古雅"，几"以怪树天生屈曲，若环若带之半者为之，横生三足，出自天然"，禅椅"以天台藤为之，或得古树根，如虬龙诘曲臃肿"，天然几"以文木如花梨、铁梨、香楠等木为之"。[1]从以上记述可以看出，文震亨看重的是家具的天然纹理和自然形态（图2-23）。正是基于这种思想，文人并不像当时权贵、富商那样看重家具材质，如名贵的紫檀木、花梨木等。在文震亨看来，这些名贵材质并非是评价家具优劣的先决条件，有时也可以用其它"杂木"来取代，如橱"以川柏为心，以乌木镶之，最古。不则竟用杂木，黑漆者亦可用"，橱"大者用杉木为之，可辟蠹，小者以湘妃竹及豆瓣楠、赤水、椤木为古。黑漆断纹者为甲品，杂木亦俱可用，但式贵去俗耳"。[2]从"黑漆断纹""式贵去俗"这两句话，可以想见江南文人喜爱和欣赏的家具，最重要的仍是天然纹理，而家具的形制式样比名贵的材质更为重要。

4. 效果：文心与画意

明代中后期，许多江南文人把设计与文学联系起来，使两者之间产生一种紧密关系。如园林与文学的关联，在晚明甚至出现"园林文学"，产生大量的园诗、园记和游记等，成为这时期文学史上的一大亮点。不仅如此，江

---

[1]［明］文震亨著：《长物志》卷六《几榻》，海军、田君注释，济南：山东画报出版社，2004年，第262、266、267、268页。

[2]［明］文震亨著：《长物志》卷六《几榻》，海军、田君注释，济南：山东画报出版社，2004年，第276、278页。

图 2-23　天然木根流云槎（明代），故宫博物院藏

　　此槎长 257 厘米，宽 320 厘米，高 86.5 厘米，由一块天
然生成的榆树根稍加修整而成为一坐具。原为明正德
年间扬州新城康对山（1475—1540）故物，曾陈于康山草
堂，槎右侧刻有赵宧光款"流云"二字，槎面刻有董其昌
（1555—1636）、陈继儒（1558—1639）等人的题记。

南文人还把文学引入设计，以诗文题名介入园林营造，
如王世贞的弇山园，各类景点题名竟达两百个之多（图
2-24）；以诗文题额介入建筑设计，如许相卿（1479—
1557）《蓉池书屋记》载："楹宇临池，池浒植芙蓉，屋因
以名，中曰'锦寒之堂'，志景物也。左曰'求约'，厉学也。
右曰'思改'，惩过也；"[1] 以诗文张挂介入室内设计，如高
濂《遵生八笺》所述，"壁间……名贤字幅，以诗句清雅

─────────────

[1] ［明]许相卿：《云村集》卷八；引自顾凯著：《明代江南园
林研究》，南京：东南大学出版社，2010 年，第 96 页。

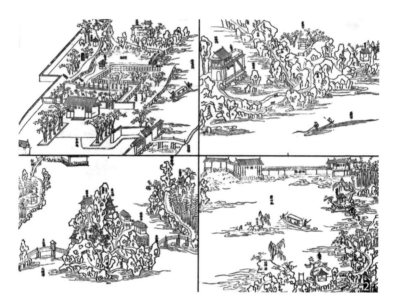

图 2-24　王世贞《山园杂著》中的《弇山园图》(明代),美
国国会图书馆藏

　　弇山园建成后,王世贞将自己为此园题写的诗文编成
《山园杂著》,分为上下两卷,对园中各景区的题名和特色作
了详细介绍,并在卷首用五幅木刻版画《弇山园图》直观表现
了园中各景区的形象,包括堂区、西弇、中弇、东弇、北区等。

者可共事";[1]以诗文铭刻介入家具设计,特别是书房家
具常被文人镌诗刻印,如祝允明(1460—1526)、文徵明
(1470—1559)、董其昌(1555—1636)三人书款的官帽
椅。其中董其昌的题字:"公退之暇,披鹤氅衣,带华阳
巾,手执《周易》一卷,焚香默坐,消遣世虑。江山之外,

---

[1]　[明]高濂著:《遵生八笺》三笺《起居安乐笺上卷》,王大淳
等整理,北京:人民卫生出版社,2007 年,第 199 页。

第见风帆沙鸟,烟云竹树而已。"[1]此外,南京博物院现藏明式家具中也有题字,如一件画案的足上刻有"材美而坚,工朴而妍,假尔为凭,逸我百年。万历乙未元月充庵叟识"的文字(图2-25)。把文学引入设计,正如董其昌所说,"一入品题,情貌都尽",它使园林、建筑、室内充盈着诗情和文心,把文人的理想、情感、审美追求都引向更为明确的主题。

　　江南文人在把设计与文学联系起来的同时,也把设计与绘画紧密联系在一起。不过,明确提出以绘画介入设计则是晚明以后的事情。董其昌提出:"盖公之园可画,而余家之画可园。"[2]这里的"画可园",也就是以画为园的意思。计成在《园冶》中把这一主题阐述得更加清晰明白,如"自序"中谈到为吴玄营园"宛若画意"、寤园"以为荆关之绘也",两处园林都强调了画意追求。而在正文中以画为园更是反复出现,如《园说》篇"栏杆信画,因境而成",《村庄地》篇"桃李成蹊,楼台入画",《选石》篇"时尊图画,匪人焉识黄山","掇能合皴如画为妙";至于以"图画"作为造园效果的总体追求,如《屋宇》篇"境仿瀛壶,天然图画,意尽林泉之癖,乐余园圃之间"[3]。文震亨在《长物志》中对这一主题也格外重视,在《花木》

　　[1]　引自胡文彦,于淑岩著:《中国家具文化》,石家庄:河北美术出版社,2002年,第80-82页;另见巫仁恕著:《品味奢华——晚明的消费社会与士大夫》,北京:中华书局,2008年,第242页。

　　[2]　[明]董其昌:《容台文集》卷四;引自童寯著:《江南园林志》(第二版),北京:中国建筑工业出版社,1984年,第45页。

　　[3]　[明]计成原著,陈植注释:《园冶注释》,北京:中国建筑工业出版社,1988年,第42、51、62、223、79页。

图 2-25 黄花梨木夹头榫画案（明代），南京博物院藏

此案长 143 厘米，宽 75 厘米，高 82 厘米，为黄花梨木制成，面心嵌铁力木，圆材，素牙条，通体无饰，简洁素雅，具有明式家具的特点，仅在案足上部刻有一段铭文。此案为苏州名药店雷允上家中之物，经其后人雷传珍捐赠给南京博物院。

《水石》《位置》等卷都谈到设计的画意问题。其中《位置》卷所述可看成是总的指导原则，"高堂广榭，曲房奥室，各有所宜，即如图书、鼎彝之属，亦须安设得所，方如图画"[1]。这里包含了三层意思：上半句指堂榭、房室等建筑布置，须"各有所宜"；下半句指图书、鼎彝等室内陈设，要"安设得所"。无论是建筑布置还是室内陈设，它们的位置都应该"如图画"。也就是说，设计位置与经营构图一样，最终形成"如画"的效果（图2-26，图2-27）。

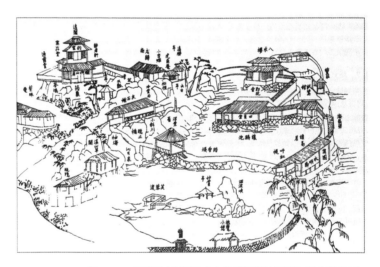

图2-26　祁彪佳《寓园注》中的寓园图（明代），引自潘谷西主编《中国古代建筑史》

　　祁彪佳（1602—1645）于明崇祯八年（1635）告退回乡后，历时三年建成属于自己的寓园。他在所著的《寓园注》中对园中49个景点作了详细记述，并配有寓园图，正如作者自称："如名手作画，不使一笔不灵；如名流作文，不使一语不韵。"

────────────

　　[1]　[明]文震亨著：《长物志》卷十《位置》，海军、田君注释，济南：山东画报出版社，2004年，第411页。

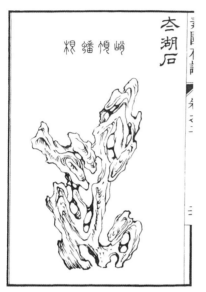

图 2-27 太湖石图与太湖赏石（明至清代），引自《素园石谱》，美国大都会艺术博物馆藏

俗称"园无石不秀，斋无石不雅"，因太湖石形状各异，姿态万千，通灵剔透，自唐代以来就受到文人雅士的喜爱、收藏和推崇。太湖石图源自松江华亭（今上海）人林友麟（1578—1647）所撰的《素园石谱》；太湖赏石为美国大都会艺术博物馆收藏；从图式到赏石，有山石之胜，置于斋中，诚天然图画也。

三、江南文人对室内设计的操作方法

江南文人为了实现上述室内设计的总体追求，进而又提出室内设计的操作方法。在这些方法中，既有对室内布置的总体论述，最突出的是关于"位置"的论述，也有对室内布置的直接描述，其中关于"书斋"的描述尤为突出。

1. 位置：各有所宜与安设得所

江南文人对"位置"的论述主要有两种方式：一种是在论述园林、建筑、室内的同时，也论及它们的位置。如卫泳（生卒年不详）在《悦容编》中说："间房长日，必需款具，衣橱食□，岂可入清供，因列器具名目，天然几、藤床、小榻、醉翁床、禅椅、小墩、香几、笔砚、彩笺、酒器、茶具、花罇、镜台、妆盒、绣具、琴箫、棋枰，至于锦裘、纻褥、画帐、绣帏，俱令精雅，陈设有序，映带房栊，或力不能办，则芦花被絮、茵布帘、纸帐，亦自成景。"[1]说明室内陈设要追求精雅之气、位置有序，即使受人力、物力、财力所限，而不能办到者，也要自成景致。另一种是把园林、建筑、室内与位置分开，以专卷形式分别加以论述。如文震亨在《长物志》中就设有《位置》专卷，认为"位置之法，繁简不同，寒暑各异。高堂广榭，曲房奥室，各有所宜，即如图书、鼎彝之属，亦须安设得所，方如图画"[2]。这是关

---

[1]　[明]卫泳撰：《悦容编》，《笔记小说大观》第5编第5册，台北：台北新兴书局，1984年，第2775页。

[2]　[明]文震亨著：《长物志》卷十《位置》，海军、田君注释，济南：山东画报出版社，2004年，第411页。

于位置经营的总体原则和方法。书中还介绍了坐几、坐具、椅、榻、屏、架的家具布置，悬画、置炉、置瓶的器具陈设，以及小室、卧室、亭榭、敞室、佛室中的家具和器具布置方法。对于室内家具、器具等物件如何进行布置，无疑是一门学问，也是居住者使它们便于生活、欣赏和品味的关键。可以说，文震亨深得其中的奥妙：一是，专设《位置》卷，论述长物位置的法则；二是，指出其法有繁复与简单不同，寒冬与暑夏各异；三是，各种建筑如堂榭、房室等的布置，其准则是"各有所宜"；四是，室内要素如图书、鼎彝等的陈设，其准则是"安设得所"；五是，建筑布置的各有所宜，室内陈设的安设得所，它们的效果应该"如图画"（图 2-28～图 2-30）。

2. 书斋：以高濂《高子书斋说》为例

"书斋"对于文人来说，是藏书读书的地方，更是修身养性的场所。所以，江南文人对园林中的书斋十分重视，如书斋的选址、形态、内外环境、家具布置、器具陈设等。祁彪佳（1602—1645）的寓园建有"试莺馆""八求楼"，前者是书房，后者是藏书楼，有藏书十万余卷，是当时越中著名的藏书楼。张岱（1597—1689）建有"梅花书屋""不二斋"两处书房，不二斋内"图书四壁，充栋连牀，鼎彝尊罍，不移而具"[1]。钱谦益（1582—1664）建有"绛云楼"，楼内"旁龛古金石文字，宋刻书数万卷。列三代秦汉尊彝环璧之属，晋唐宋元以来法书。官哥定汝宣

---

[1] [明]张岱撰:《陶庵梦忆·西湖梦寻》卷一，马兴荣点校，北京：中华书局，2007 年，第 29 页。

图 2-28　《古杂剧》《金瓶梅词话》中的厅堂布置图（明代），
中国国家图书馆藏，引自兰陵笑笑生著《金瓶梅词话》

　　左图为会稽（今绍兴）人王骥德（？—1623）编、明万历顾曲
斋刻本《古杂剧》插图；右图为明崇祯刻本《金瓶梅词话》插图。
厅堂是迎宾、宴请、议事的主要场所，根据礼仪需要，常在大厅中
部的屏门前置天然几，几前对称布置座椅，大厅两侧也布置配套
的条案、座椅，屏门和侧墙上悬挂书画、挂屏，天然几上陈设花
瓶、插屏，采取完全对称的布局，形成庄重的环境氛围。

成之瓷，端溪灵璧大理之石，宣德之铜，果园厂之髹器，
充物其中"[1]。书斋内图书、古玩、家具、器具等的布置，在

　　[1]［清］范锴：《华笑庼杂笔》卷一；引自范景中、周书田编：
《柳如是事辑》,杭州：中国美术学院出版社,2002 年,第 9 页。

图 2-29 《状元图考》《古杂剧》中的书房布置图（明代），哈佛燕京图书馆、中国国家图书馆藏

　　左图为昆山县（今苏州）人顾鼎臣（1473—1540）编、淮安（今属江苏）人吴承恩（约1500—约1582）补、明万历刻本《状元图考》插图；右图为会稽（今绍兴）人王骥德（？—1623）编、明万历顾曲斋刻本《古杂剧》插图。从图中可以看到，书房布置多以屏风为背景，屏前置书桌、座椅、书架，桌上放茶具、书籍、文房用具，屏后置条案、花瓶、香炉、架子床等，采取非对称的布局，显得灵活静雅。

图 2-30 《状元图考》《西湖二集》中的卧室布置图（明代），哈佛燕京图书馆、北京大学图书馆藏

上图为昆山县（今苏州）人顾鼎臣（1473—1540）编、淮安（今属江苏）人吴承恩（约1500—约1582）补、明万历刻本《状元图考》插图；下图为武林（今杭州）人周清原（生卒年不详）撰、明崇祯刻本《西湖二集》插图。明代架子床的形制较多，有基本的"四柱床"、较复杂的"拔步床"和更大的"大床"，不论大小繁简，架子床多放在室内后部，纱帐挂在四柱床顶架外面、拔步床和大床顶架里面，帐床前置挂衣架、面盆架、镜架、条桌、香几、圆凳、衣箱、衣橱等，形成一个私密安静的就寝空间。

高濂的《遵生八笺》、屠隆的《考槃馀事》、文震亨的《长物志》中都有论述，相比较而言，高濂《遵生八笺》中的《高子书斋说》篇最为详尽，提供了一个文人理想的书斋："书斋宜明净，不可太敞。……斋中长桌一，古砚一，旧古铜水注一，旧窑笔格一，斑竹笔筒一，旧窑笔洗一，糊斗一，水中丞一，铜石镇纸一。左置榻床一，榻下滚脚凳一，床头小几一，上置古铜花尊，或哥窑定瓶一。花时则插花盈瓶，以集香气；闲时置蒲石于上，收朝露以清目。或置鼎炉一，用烧印篆清香。冬置暖砚炉一。壁间挂古琴一，中置几一，如吴中云林几式佳。壁间悬画一。书室中画惟二品，山水为上，花木次之，禽鸟人物不与也。或奉名画山水云霞中神佛像亦可。名贤字幅，以诗句清雅者可共事。……盆用白定官哥青东磁均州窑为上，而时窑次之。几外炉一，花瓶一，匙箸瓶一，香盒一，四者等差远甚，惟博雅者择之。……壁间当可处，悬壁瓶一，四时插花。坐列吴兴笋凳六，禅椅一，拂尘、搔背、棕帚各一，竹铁如意一。右列书架一，上置《周易古占》《诗经旁注》《离骚经》《左传》，林注《自警》二编，《近思录》，《古诗纪》，《百家唐诗》，王李诗，《黄鹤补注》，《杜诗说海》，《三才广记》，《经史海篇》，《直音》，《古今韵释》等书。……法帖，真则《钟元常季直表》，《黄庭经》，《兰亭记》。隶则《夏丞碑》，《石本隶韵》。行则《李北海阴符经》，《云麾将军碑》，《圣教序》。草则《十七帖》，《草书要领》，《怀素绢书千文》，《孙过庭书谱》。此皆山人适志备览，书室中所当置者。画卷旧人山水、人物、花鸟，或名贤墨迹，各若干轴，用以充架。斋中永日据席，长夜篝灯，无事忧心，阅此自乐,逍遥余岁,以终天年"[1]。

由以上文字可以看出文人的书斋布置自有一套方法:其一,书斋布置总的原则是,宜明净,不可太敞;其二,斋内的家具,有书桌、榻床、滚脚凳、小儿、笋凳、禅椅、书架等,种类和数量虽不多,但都是斋内不可或缺的家具;其三,斋内的器具,有砚、水注、笔格、笔筒、笔洗、糊斗、水中丞、镇纸、花尊、鼎炉、古琴、窑盆、香盒、壁瓶、拂尘、搔背、棕帚、如意等,与家具相反,器具的种类较多,可依据博雅者的品位、四季的更替、斋内的位置等进行选择或更换;其四,壁间的书画,绘画以山水画为上,字幅以诗句清雅者为上;其五,架上的图书,书籍以经史子集为主,法帖以真隶行草为主,这些都是文人"适志备览"的图书;其六,斋内家具、器具、书画、图书等的布置,各有各的位置,如"斋中""左置""上置""中置""壁间""壁间当可处""右列"等带有明显方位性的词语,都说明书斋的布置方法,不是采用排偶式,而是"忌排偶"与"贵活变";其七,指出了江南文人所向往的精神生活,即"斋中永日据席,长夜篝灯,无事忧心,阅此自乐,逍遥余岁,以终天年"(图2-31～图2-36)。

---

[1] [明]高濂著:《遵生八笺》三笺《起居安乐笺上卷》,王大淳等整理,北京:人民卫生出版社,2007年,第199-200页。

图 2-31　沈周《岸波图》(局部)(明代),苏州博物馆藏

　　《岸波图》纸本,设色,纵30.1厘米,横160.9厘米,为长洲(今苏州)人沈周(1427—1509)绘制。图中绘有一排茅屋,屋内一文士神情自若,合手端坐在屏风前的矮榻上,书桌上摆放书籍、花瓶和香炉等;屋外树木繁萌,山石环抱,水波流转,屋内书香满溢,营造出一种我自了然静坐、物我两不争的境界。

图 2-32　文徵明《东园图》(局部)(明代),故宫博物院藏

　　《东园图》绢本,设色,纵30.2厘米,横126.4厘米,为长洲(今苏州)人文徵明(1470—1559)绘制。此图表现了东园雅集的胜景,堂内四文士围坐书桌凝神赏画,手捧书画的小童立于桌旁;水榭中二文士神态悠闲地下棋对弈;甬路上二文士边走边谈;园内湖石疏置,水波荡漾,碧树成荫,整个氛围其乐融融,惬意畅然。

图 2-33　唐寅《悟阳子养性图》(局部)(明代),辽宁
省博物馆藏

　　《悟阳子养性图》纸本,水墨,纵 28.8 厘米,横 103.5 厘
米,为吴县人(今苏州)唐寅(1470—1523)绘制。图中
绘有一间茅屋,屋内一文士悠然自在,端坐在屏风前的蒲
团上,书桌上摆放香炉和文房用具;房屋四周树木掩映,
小溪环绕,石桥横卧,展现了文人隐居生活的精神状态和
生活理想。

图 2-34 仇英《梧竹书堂图》(局部)(明代),上海博物馆藏

　　《梧竹书堂图》纸本,设色,纵148.8厘米,横57.2厘米,为寓居苏州的仇英(约1501—约1551)绘制。图中绘有一间茅舍,宽大的书桌置于窗前,桌上放置书籍和文房用具,一文士半坐半卧在屏风前的交椅上,神态安详自然;房舍四周修竹浴风,梧桐摇曳生姿,坡石点缀萱花丛菊,展现出文人隐居生活的幽雅和恬淡。

图 2-35　潘允徵夫妇合葬墓书房家具明器(明代),上海博物馆藏

　　1960 年出土于上海市卢湾区(现徐汇区)肇嘉浜路潘允徵家族墓。此图为潘允徵(1534—1589,豫园主人)夫妇合葬墓出土的以书桌为中心的成套家具明器,包括书桌、方椅、香几、衣架、衣箱、衣柜、面盆架等,真实反映了明代文人书房家具的布置状况。

图 2-36　苏州博物馆"书斋长物"陈设,作者拍摄

　　2006 年苏州博物馆落成开放,基本陈列中设有"书斋长物"展厅。厅内布置遵循文震亨《长物志》"随方置象,各有所宜,宁古无时,宁朴无巧,宁俭无俗"的理念,营造了一个古朴简雅的读书、抚琴、弈棋空间,并配以明式家具、器玩及文房用具,明代文人的书斋生活跃然眼前。

四、结语

明代中后期江南文人的室内设计思想，可谓丰富而多彩。他们在造园、建房、制器、玩古等实际行为中，形成了对建筑、装修、家具、器具等的基本认识，以及美学、艺术、境界、效果上的总体追求和位置上的操作方法。江南文人之所以要构建一套室内设计的思想体系，在于当时社会"奢靡之风"盛行，"富贵家儿与一二庸奴、钝汉，沾沾以好事自命，每经鉴赏，出口便俗，入手便粗，纵极其摩挲护持之情状，其污染弥甚，遂使真韵、真才、真情之士，相戒不谈风雅"[1]，面对如此状况，这是以计成、文震亨、高濂、屠隆等为代表的江南文人极不情愿看到的，他们纷纷站出来，以著书立说的形式对设计的诸多问题进行阐释，表明了一种态度、立场和观念，确立了一种设计、欣赏和制作的标准，以此批评时人的雅俗莫辨，与权贵、富商的繁雕褥饰区隔开来，维系文人特有的"雅"文化。

---

[1] 沈春泽：《长物志·序》，参见[明]文震亨著：《长物志》，海军、田君注释，济南：山东画报出版社，2004年，第1页。

第三编

清代前中期江南文人的室内
设计思想

——以李渔、黄图珌、曹庭栋著作为例

明代晚期，许多江南文人以日常生活中的闲事和长物为对象，创作了大量著作，成为这时期盛极一时的文学风尚。明亡以后，社会的巨变使文艺思潮发生了很大的变化，晚明文学风尚也得到了重新的审视；同时，随着清朝专制统治的加强和正统文学思潮的冲击，对闲事和长物的创作也逐渐走向衰微。但仍有一部分江南文人继承了晚明文学的传统，创作出既有晚明精神又有时代特色的著作。关于明清江南文人的这一文学现象，已经受到学术界的普遍关注和深入研究。但从设计学界的研究来看，明代江南文人著作得到了应有重视，而清代江南文人著作未引起足够重视。基于这种看法，本编研究的清代前中期江南文人室内设计思想，主要以李渔、黄图珌、曹庭栋三个个案为例，通过介绍与分析他们撰写的《闲情偶寄》《看山阁集》和《老老恒言》三部著作，来获取室内设计思想的各种信息，进而归纳出清代前中期江南文人室内设计思想的一些特点。

一、李渔《闲情偶寄》的室内设计思想

李渔（1611—1680），初名仙侣，字谪凡，后改名李渔，字笠鸿，浙江兰溪人。他出身于富裕的药商家庭，少年时就能作诗，青年时两次乡试未果，遂绝意仕途。清顺治三年（1646），清军攻占金华。两年后，李渔回到家乡，在伊山构筑"伊园"，过着隐居山林的生活。但好景不长，由于隐居无业所带来的生活压力，清顺治八年（1651），李渔移居杭州，走上卖文为生的道路，创作了大量戏曲

和小说，名声渐大，又自组戏班，专事演出。清康熙元年（1662），李渔从杭州迁居金陵，在金陵闸置造"芥子园"，并设立书铺，著名的《芥子园画谱》即在这里刊行。清康熙十六年（1677），李渔又从金陵举家迁回杭州，在云居山东麓建造"层园"，但此时他的经济状况已大不如前，最终在穷困中去世。

李渔一生著述甚丰，有戏曲、小说、诗文、杂品等。在他的著作中，《闲情偶寄》无疑是其看重的一种[1]。此书初刊于清康熙十年（1671），共分八部，分别为词曲部、演习部、声容部、居室部、器玩部、饮馔部、种植部和颐养部。此书中，直接与室内设计相关的内容，分布在《居室部》《器玩部》中，其中蕴含着丰富的室内设计思想。

1. 建筑：房舍与人，欲其相称

李渔在《居室部》"房舍第一"开卷就指出："人之不能无屋，犹体之不能无衣。……堂高数仞，榱题数尺，壮则壮矣，然宜于夏而不宜于冬，登贵人之堂，令人不寒而栗，虽势使之然，亦寥廓有以致之；……及肩之墙，容膝之屋，俭则俭矣，然适于主而不适于宾"；进而提出"房舍与人，欲其相称"[2]的设计目标。为达此目标，李渔认为"葺居治宅，与读书作文，同一致也"，必须自出手眼，创

──────────

[1] 李渔在与朋友的书信中曾多次谈到此书，如《与龚芝麓大宗伯》中说："庙堂智虑，百无一能；泉石经纶，则绰有余裕。惜乎不得自展，而人又不能用。他年赍志以没，俾造物虚生此人，亦古今一大恨事！故不得已而著为《闲情偶寄》一书，托之空言，稍舒蓄积。"参见李渔著：《李渔全集》，杭州：浙江古籍出版社，1992 年，第 162 页。

[2] ［清］李渔著：《闲情偶寄》，江巨荣、卢寿荣校注，上海：上海古籍出版社，2000 年，第 180 页。

造新异；同时强调"居室之制，贵精不贵丽，贵新奇大雅，不贵纤巧烂漫"[1]，要求精雅而新奇。这是李渔建筑设计的基本思想。由此，他又通过向背、途径、高下、出檐深浅等的论述，提出了更为明晰的设计思想和方法。如向背，"屋以面南为正向"[2]。若房舍因场地条件而不能朝南，则面北的房舍宜在其后留出空地，以接受南风；面东的房舍在其右留出空地，面西的房舍在其左留出空地，亦是如此；若东、西、北面皆无余地，则要开顶窗借天风来补之。又如途径，"径莫便于捷，而又莫妙于迂"[3]。凡有制作迂途以取得别致者，必须另开一扇耳门，以便家人出入，急时开门，平时关门。再如高下，"房舍忌似平原，须有高下之势"[4]。其方法有多种：地势高的造屋，地势低的建楼；低处叠石为山，高处浚水为池；或者将地势高的变得更高，竖阁拓峰于高坡之上，将地势低的变得更低，挖塘凿井于潮湿之地。这些设计方法，可以使建筑与环境交融，更为重要的是，可以使建筑与人相称。其基本涵义：一是与人的身体与心理相称；二是与人的身份与地位相称；三是与人的生活相称（图 3-1～图 3-3）。

---

[1] [清]李渔著：《闲情偶寄》，江巨荣、卢寿荣校注，上海：上海古籍出版社，2000 年，第 181 页。

[2] [清]李渔著：《闲情偶寄》，江巨荣、卢寿荣校注，上海：上海古籍出版社，2000 年，第 182 页。

[3] [清]李渔著：《闲情偶寄》，江巨荣、卢寿荣校注，上海：上海古籍出版社，2000 年，第 183 页。

[4] [清]李渔著：《闲情偶寄》，江巨荣、卢寿荣校注，上海：上海古籍出版社，2000 年，第 183 页。

图 3-1　苏州拙政园园景现状，作者拍摄

　　拙政园始建于明正德五年（1510），曾任御史的王献臣（1473—约1543）官场失意，告退还乡，因大弘寺废地营造别业，用晋人潘岳《闲居赋》句意，题名"拙政园"，以后不断修建，留存至今。园内建筑多临水而筑，主要建筑有远香堂、雪香云蔚亭、待霜亭、三十六鸳鸯馆、留听阁等，布局疏落相宜、构思巧妙，风格清新秀雅、朴素自然。选图分别为：三十六鸳鸯馆及荷池；倒影楼南水廊；文徵明手植紫藤。

图 3-2 苏州留园园景现状,作者拍摄

　　留园始建于明万历二十一年(1593),曾任太仆寺少卿的徐泰时(1540—1598)罢官归里后,在一处旧时园址上营造别业"东园",清代时称"寒碧山庄",后改为"留园"。园内主要建筑有明瑟楼、涵碧山房、曲溪楼、五峰仙馆、林泉耆硕之馆等,以空间处理见长,体现了江南造园家的卓越智慧和高超技艺。选图分别为:明瑟楼及水池;绿荫轩南院石刻"花步小筑";太湖名石"冠云峰"。

图 3-3 苏州网师园园景现状,作者拍摄

　　网师园前身相传为南宋史正志"万卷堂",当时称"渔隐";清乾隆年间官至光禄少卿的宋宗元(1710—1779)在此营构别业,取旧时渔隐之意,又取园北王思巷谐音,改名为"网师园"。园内亭台楼榭多临水,主要建筑有小山丛桂轩、濯缨水阁、月到风来亭、看松读画轩、殿春簃等,彼此配合得当,布局紧凑,以精巧见长。选图分别为:月到风来亭及水池;入园门楣砖额"网师小筑";冷泉亭中的灵璧石。

2. 装修装饰：简而文，新而妥

晚明计成(1579—?)在《园冶》中提出"装修"一词，并专设《装折》篇，开篇就指出："凡造作难于装修。"李渔在书中虽未直接使用"装修"一词，但却涉及大量的装修内容，如《居室部》"房舍第一""窗栏第二""墙壁第三""联匾第四"卷中的诸多内容，都属于装修装饰的范畴。具体而言，如置顶格，李渔认为其法制未善，为此提出新制，"以顶格为斗笠之形，可方可圆，四面皆下，而独高其中。……造成之后，若糊以纸，又可于竖板之上，裱贴字画，圆者类手卷，方者类册叶，简而文，新而妥"[1]。又如藏垢纳污，李渔认为欲营造精洁之房，先设藏垢纳污之地，"于精舍左右，另设小屋一间，有如复道，俗名'套房'是也。凡有败笺弃纸，垢砚秃毫之类，卒急不能料理者，姑置其间，以俟暇时检点"[2]。李渔很重视窗栏设计，提出"制体宜坚""取景在借"的设计原则，新制了多种窗栏格式和样式。如尺幅窗，他在整治浮白轩后的小山时，发现"是山也，而可以作画；是画也，而可以为窗"，故在室内将窗之四周裱糊壁纸，犹如书画装裱的绫边，"俨然堂画一幅，而但虚其中。非虚其中，欲以屋后之山代之也。坐而观之，则窗非窗也，画也；山非屋后之山，即画上之山也"[3]（图3-4，图3-5）。李渔也十分重视墙壁设计，认

[1] [清]李渔著：《闲情偶寄》，江巨荣、卢寿荣校注，上海：上海古籍出版社，2000年，第184-185页。

[2] [清]李渔著：《闲情偶寄》，江巨荣、卢寿荣校注，上海：上海古籍出版社，2000年，第188页。

[3] [清]李渔著：《闲情偶寄》，江巨荣、卢寿荣校注，上海：上海古籍出版社，2000年，第195页。

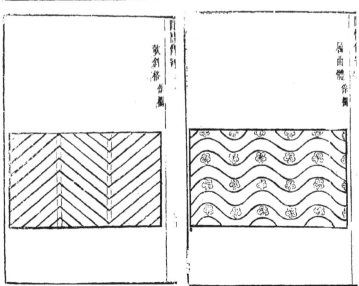

图 3-4　李渔《闲情偶寄》中的窗栏（清代），中国国家图书馆藏

李渔在《闲情偶寄》窗栏第二中，从"式"与"图式"两个方面，提出窗栏之体不出纵横、欹斜、屈曲三项，并以纵横格、欹斜格、屈曲体多种图样为例，详细解说窗栏之制在于制体宜坚。

图 3-5　李渔《闲情偶寄》中的窗式（清代），中国国家图书馆藏

李渔在《闲情偶寄》窗栏第二中，从"式"与"图式"两个方面，又提出许多窗式，包括便面窗、尺幅窗、梅窗等，并以对应的图样为例，详细解说开窗的妙用在于取景在"借"。

为厅壁"不宜太素,亦忌太华",书房壁"最宜潇洒",新制
了厅堂壁画和书房壁纸。如书房壁纸,其方法是先裱糊
一层酱色纸作底,然后用豆绿云母笺,随手剪作零星小
块,贴于酱色纸上,"每缝一条,必露出酱色纸一线,务令
大小错杂,斜正参差,则贴成之后,满房皆冰裂碎纹,有如
哥窑美器。其块之大者,亦可题诗作画,置于零星小块之
间,有如铭钟勒卣,盘上作铭,无一不成韵事"[1]。以上所
举数例,足可见李渔的装修装饰思想,即好的装修装饰应
是简而文、新而妥。简是简洁,文是文雅,新是新异,妥是
妥当,即简洁而文雅、新异而妥当(图 3-6,图 3-7)。

3. 家具器具:适用美观,均受其利

李渔在《器玩部》"制度第一"卷中指出:"凡人制
物,务使人人可备,家家可用,始为布帛菽粟之才,不则售
冕旒而沽玉食,难乎其为购者矣。故予所言,务舍高远而
求卑近。"[2]基于这种贫民化的设计思想,李渔对几案、椅
机、床帐、橱柜、箱笼箧笥、炉瓶、屏轴、茶具、酒具、碗碟、
灯烛、笺筒等民用家具和器具作了详细论述,提出了具体
的设计要求。如几案,有三个小物必不可少:一是"抽替",
为容懒藏拙之地,方便收纳"文人所需,如简牍刀锥、丹
铅胶糊之属"[3],至于废稿残牍,亦可暂时贮藏(图 3-8);
二是"隔板","冬月围炉,不能不设几席。火气上炎,每

---

[1] [清]李渔著:《闲情偶寄》,江巨荣、卢寿荣校注,上海:上
海古籍出版社,2000 年,第 209 页。

[2] [清]李渔著:《闲情偶寄》,江巨荣、卢寿荣校注,上海:上
海古籍出版社,2000 年,第 228 页。

[3] [清]李渔著:《闲情偶寄》,江巨荣、卢寿荣校注,上海:上
海古籍出版社,2000 年,第 228 页。

图 3-6　江南园林各种轩的做法，成果拍摄

　　自明代产生船篷轩的做法后，到清代又出现各种轩的做法，有一支香轩、弓形轩、茶壶档轩、菱角轩、鹤胫轩以及种种变体；还有用前后相等的两轩做成鸳鸯厅，用前后相等的四轩做成满轩，用前后不等的三轩做成天花；这种以各种轩式为主体的天花做法，成为江南园林室内装修的鲜明特点。

图 3-7　苏州园林多种圆光罩的做法,成果拍摄

　　明代计成在《园冶》装折篇中介绍了屏门、仰尘、户槅、风窗等多种装修做法;到清代又出现各种罩的做法,有飞罩、挂落飞罩、落地罩、圆光罩、八方罩、长形罩等,广泛用于江南园林室内装修中,使室内空间层次更加丰富多彩;如苏州园林中的圆光罩就有多种做法,既有雕刻罩,也有拷芯子罩。

致桌面台心为之碎裂"[1],设置活动隔板于桌面之下,可以减少桌子的损伤;三是"桌撒",即工匠制作时多余的竹头木屑,"长不逾寸,宽不过指,而一头极薄,一头稍厚

────────────

[1] [清]李渔著:《闲情偶寄》,江巨荣、卢寿荣校注,上海:上海古籍出版社,2000 年,第 229 页。

图 3-8　黄花梨带暗屉小条桌（明代），故宫博物院藏

　　此桌长 99.5 厘米，宽 51.5 厘米，高 88 厘米，用黄花梨木制成；桌面下束腰处有一抽屉，这在明代家具中实属少见。自明至清，书桌设抽屉的数量，经历了一个由少到多的发展过程，桌面下设横向抽屉、两旁再设纵向抽屉，则是清中期以后才有的。

者，拾而存之，多多益善，以备挪台撒角之用"[1]。又如椅杌，李渔针对椅杌的使用情况，认为有二法未备，特创暖椅和凉杌。所谓暖椅，是由加宽的座椅与代替几案的扶手匣组合而成，椅下设抽屉以置炭火，可用于取暖；炭火之上添置香料，可用于闻香；因座椅加宽，可暂作休息之

　　[1]［清]李渔著：《闲情偶寄》，江巨荣、卢寿荣校注，上海：上海古籍出版社，2000 年，第 229 页。

用；加以抬杠覆以衣顶，又可作轿子之用；早晚还可以
用来暖衣被。再如茶具，"置物但取其适用，何必幽渺其
说，必至理穷义尽而后止哉！凡制茗壶，其嘴务直，购者
亦然，一曲便可忧，再曲则称弃物矣。盖贮茶之物与贮酒
不同，酒无渣滓，一斟即出，其嘴之曲直可以不论；茶则
有体之物也，星星之叶，入水即成大片，斟泻之时，纤毫入
嘴，则塞而不流。啜茗快事，斟之不出，大觉闷人。直则
保无是患矣，即有时闭塞，亦可疏通，不似武夷九曲之难
力导也"[1]（图3-9，图3-10）。可见，李渔对家具、器具的
实用性是相当强调的，几案有"一物备一物之用"，暖椅
有"一物而充数物之用"，茶具因形式之美妨碍了使用功
能，而要求壶嘴"务直勿曲"。这也就是李渔所说的"使
适用美观均收其利而后可"[2]，显然，"适用"是前提和基
础，"美观"也不可偏废，设计的宗旨在于使两者统合而
后达其目的（图3-11，图3-12）。

4. 位置：忌排偶，贵活变

李渔在《器玩部》中专设"位置第二"卷，论述了器
玩的摆放位置，他认为："位置器玩，与位置人才，同一理
也。设官授职者，期于人地相宜；安器置物者，务在纵横
得当。……他如方圆曲直，齐整参差，皆有就地立局之
方，因时制宜之法。"[3]李渔根据自己的生活经验，提出了

---

[1]［清]李渔著：《闲情偶寄》，江巨荣、卢寿荣校注，上海：上
海古籍出版社，2000年，第247-248页。

[2]［清]李渔著：《闲情偶寄》，江巨荣、卢寿荣校注，上海：上
海古籍出版社，2000年，第240页。

[3]［清]李渔著：《闲情偶寄》，江巨荣、卢寿荣校注，上海：上
海古籍出版社，2000年，第257页。

图3-9　陈鸣远款东陵瓜壶（清代），南京博物院藏

　　陈鸣远（生卒年不详）为清康熙、雍正年间宜兴人，制壶名家。此壶高11.2厘米，口径3.3厘米，底径5厘米，壶体为一圆润丰满的南瓜，壶盖作蒂形，壶嘴覆以瓜叶，内壁单孔，壶底向内凹起，中心有脐，壶腹刻行书"仿来东陵式，盛来雪乳香"，署款"鸣远"，款下刻篆书方印"陈鸣远"。

图3-10　陈荫千款竹节提梁壶（清代），南京博物院藏

　　陈荫千（生卒年不详）为清乾隆年间宜兴人，制壶名家。此壶高15.3厘米，短口径6.6厘米，长口径7.5厘米，短底径9.6厘米，长底径10.2厘米，以竹为主题，将紫砂技艺与文人意趣融为一体，壶盖微凸，双竹相绞为壶纽，壶把亦然，单孔竹节式三弯嘴，腹部有竹一枝，半环形圈足，壶底刻篆书方印"陈荫千制"。

图 3-11 张希黄留青楼阁山水竹笔筒（清代），上海博
物馆藏

张希黄（生卒年不详）活跃于明末清初，里籍有浙江
嘉兴、江苏江阴、湖北鄂城诸说，竹刻名家。此笔筒高 10.3
厘米，口径 5.9 厘米，底径 5.8 厘米，筒体雕刻以山水楼阁为
题材，在丛树垂柳掩映中，有层楼盈然于山水之间，与对岸
小阁隔江相望，工艺绝伦，风格独特，丛树上方刻款"壬子
麦秋，希黄"，印"张宗略印""希黄"。

图 3-12　顾二娘款洞天一品端砚（清代），故宫博物院藏

　　顾二娘（生卒年不详）为清初长洲（今苏州）人，因制砚技艺超群，名重一时。此砚长 23.5 厘米，宽 20 厘米，厚 3.6 厘米，用端石制成，砚面上方开一横卧长方池，池边刻夔龙盘绕纹，右下方刻篆书印"莘田真赏""十砚轩图书"，砚面左侧刻行书"非君美无度，孰为劳寸心"，下刻行楷书"康熙己亥六月任"款，砚右侧刻篆书"吴门顾二娘造"。此外，砚背面还有清初学者余甸、林佶鉴赏题跋。

　　器玩位置的两种布置方法：一是"忌排偶"，摆放陈列之法，忌作"八字形""四方形"和"梅花体"，反之，宜作"品字格""心字格"和"火字格"；"此其大略也，若夫润泽之，则在雅人君子"[1]。二是"贵活变"，居家所需之物，惟房舍不可移动，此外皆当活变，器物活变之法，"或卑者使高，或远者使近，或二物别之既久，而使一旦相亲，或数物混

_____

[1]　[清]李渔著：《闲情偶寄》，江巨荣、卢寿荣校注，上海：上海古籍出版社，2000 年，第 258 页。

处多时，而使忽然隔绝，是无情之物变为有情，若有悲欢离合于其间者"；"须左之右之，无不宜之，则造物在手，而臻化境矣"。[1]忌排偶与贵活变，指的是处理一个事物的两个方面，前者是防止器玩之物对称摆放，后者是驱使器玩之物由静生动，最终达到"造物在手，而臻化境"的效果（图3-13，图3-14）。

李渔《闲情偶寄》的室内设计思想，可以概括为表3-1：

表3-1 李渔《闲情偶寄》室内设计思想、内容和出处

	建筑	装修装饰	家具器具	位置
思想	房舍与人，欲其相称	简而文，新而妥	适用美观，均受其利	忌排偶，贵活变
内容	向背、途径、高下、出檐深浅等	置顶格、藏垢纳污、便面窗、尺幅窗、梅窗、厅壁、书房壁等	几案、椅杌、床帐、橱柜、箱笼、箧笥、炉瓶、屏轴、茶具、酒具、碗碟、灯烛、笺筒等	忌作八字形、四方形、梅花体，宜作品字格、心字格、火字格；卑者使高，远者使近，二物相亲，数物隔绝
出处	《居室部》	《居室部》	《器玩部》	《器玩部》

[1] [清]李渔著:《闲情偶寄》，江巨荣、卢寿荣校注，上海：上海古籍出版社，2000年，第259页。

图3-13（a、b） 苏州留园五峰仙馆室内布置现状，作者拍摄

五峰仙馆是留园东部园区的主体建筑，坐北朝南，面阔五开间，宽20.3米，进深14.3米，檐高3.6米，硬山顶。馆内采用棋盘格式天花，在明间、次间将天花凸起，两间之间装横风窗；后步柱用24扇屏门、纱隔等将馆内分隔成南北两厅，南厅有匾额"五峰仙馆"，屏门南刻《兰亭序》、北刻《书谱》全文，与南北庭院的峰石假山遥相呼应；一组楠木家具、灵璧供石、大理石插屏、自鸣钟等器具按规制布置。馆内宽敞开阔，用材名贵，古雅精美，奢华富丽，不愧有"江南第一厅堂"之称。

图 3-13b

图 3-14(a、b) 苏州拙政园三十六鸳鸯馆室内布置现状,作者拍摄

　　三十六鸳鸯馆是拙政园西部园区的主体建筑,面阔三开间,宽13.18米,进深13.74米,檐高4.01米,硬山顶。馆平面为方形,四隅各建一耳室,供宴请演唱侍候等用;馆内采用鸳鸯厅形式,南北厅顶部为船篷轩和鹤胫轩,是典型的满轩做法;南北厅之间用纱隔、挂落分隔,北厅有匾额"卅六鸳鸯馆",南厅有匾额"十八曼陀罗花馆";一组清式家具,供石古瓶、嵌螺钿插屏等器玩按规制布置。此馆形制独具匠心,空间高敞明亮,装修富丽堂皇,成为园主人举办宴会演戏的极佳之处。

二、黄图珌《看山阁集》的室内设计思想

黄图珌（1699—1765后）[1]，字容之，松江华亭人。其祖父黄元佳曾任福建漳州同治，父亲黄廷飏曾任云南马龙知州，后官至广西右江道按察史。黄图珌即在这样的家庭环境中长大，年近二十就能创作词曲。他于雍正七年（1729）入都谒选，次年任杭州同知，雍正十一年（1733）兼任湖州同知，雍正十三年（1735）迁任衢州同知，乾隆二十六年（1761）升任河南卫辉知府，乾隆三十年（1765）因年老力衰，遭勒令退休，仕途就此终结。黄图珌一生不求显贵，安于清闲的小官职位，将其精力用于他处：一是寄情于山水诗文之间；二是追求闲雅的艺术生活。正因为此，他能够"不言时事之是非，处利欲而不摇其心"[2]，成就一番学问。

黄图珌一生著述颇丰，有戏曲、杂品等。他所撰的《看山阁集》，初刊于清乾隆十九年（1754），共六十四卷，包括文集八卷、今体诗十六卷、古体诗八卷、古体诗续集八卷、诗余四卷、南曲四卷、闲笔十六卷。其中《闲笔》又分八部，分别为人品部、文学部、仕宦部、技艺部、制作部、清玩部、芳香部和游戏部。此书中，与室内设计相关的内容，集中在《制作部》《清玩部》中，有着丰富的室内设计

[1] 关于黄图珌的生卒年，在学术界有多种说法。近年，华玮、陆方龙两位学者对新发现材料的考证与研究，所得生年和卒年更接近历史真实。参见华玮、陆方龙：《黄图珌及其孤本传奇〈解金貂〉与〈温柔乡〉》,《戏曲研究》第八十一辑，2010年第02期，第256-263页。

[2] ［清］黄图珌著：《看山阁集》（四库未收书辑刊第拾辑第17册），北京：北京出版社，1998年，第228页。

思想。

1. 门帘门户：不必好奇，务在求雅

黄图珌在《闲笔》卷九《制作部》中提出："制作不必好奇，务在求雅。所谓雅者……能以古人之心思，直吐我之幽致，能以我之意见，暗合古人之机宜。其制作之雅也，宁非仿古而得邪，又何必好奇，徒贻大方笑也。"[1]这是黄图珌对于设计的基本思想。由此，他专门选择了居室的门帘和门户为对象，对它们的设计作了论述。如门帘，"夏宜竹帘，冬宜布帘。布帘之制太觉愚拙，如一垂下则满室皆暗，闷坐之外一无可舒。故余于布帘之中刳去一隙，用玻璃实之，使外不能窥内，而内观外则洞然矣"；进而自制了多种门帘形式，有二宜帘、线帘、画帘、当月帘、太极帘、秋叶帘等（图3-15）。所谓二宜帘，"是帘上下用布，夹竹丝于其中，宜冬宜夏，是为二宜"[2]。再如门户，"凡屋三楹，其中间门户，必相对设立，殊觉可厌。间有当心求雅者，参差布置亦不甚妥"；于是他又自制了多种门户形式，有琴门、瓷瓶门、胆瓶门、画中扉、此君户、画屏户、石户等（图3-16）。如画中扉，"画壁之制，其来久矣。余特创一法，示画工以桃源、天台二图，于山岩凹处藏一小户，使游者启扉深入，别有洞天，宛若身履画中，畅领丘壑之胜，所谓卧游信其然欤"[3]。黄图珌以日常生

---

[1]［清］黄图珌著：《看山阁集》（四库未收书辑刊第拾辑第17册），北京：北京出版社，1998年，第712页。

[2]［清］黄图珌著：《看山阁集》（四库未收书辑刊第拾辑第17册），北京：北京出版社，1998年，第712-713页。

[3]［清］黄图珌著：《看山阁集》（四库未收书辑刊第拾辑第17册），北京：北京出版社，1998年，第716-718页。

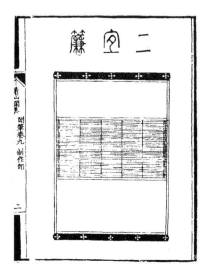

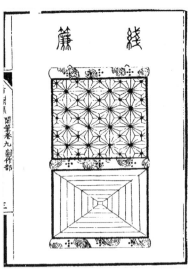

图 3-15　黄图珌《看山阁集》中的门帘图（清代），中国国家图书馆藏

黄图珌在《看山阁集》制作部中，从日常生活中的长物出发，自制6种门帘形式，包括二宜帘、线帘、画帘、当月帘、太极帘、秋叶帘，每种门帘都以图样为例，详细说明不同材料门帘制作的求雅之法。

图 3-16　黄图珌《看山阁集》中的门户图（清代），中国国家图书馆藏

　　黄图珌在《看山阁集》制作部中，从日常生活中的长物出发，又自制 7 种门户形式，包括琴门、瓷瓶门、胆瓶门、画中扉、此君户、画屏户、石户，每种门户都以图样为例，详细说明屋中门户制作的求雅之法。

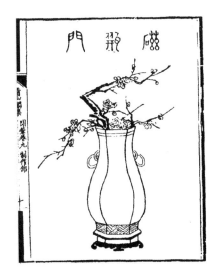

图 3-17　苏州留园入口空间过厅的纱隔现状,作者拍摄

此厅位于留园入口空间的北端,坐北朝南,南接小院,西北接通道至古木交柯,是一处敞厅和串堂。在后步柱装有7扇纱隔,每扇由上夹宕、窗芯、中夹宕、裙板、下夹宕五个部分组成,夹宕和裙板无雕饰,窗芯嵌以梅花为主题的书法绘画,与纱隔之上的匾额"留园"等要素,构成一个入园空间序列的重要节点。

活中一个小小长物为例,从文人的视角对其进行设计,传递出文人特有的古雅之趣(图 3-17)。

2. 家具:制作虽工,不过随机布置

黄图珌在《闲笔》卷十《制作部》中提出:"儒者风味,清而不浊,雅而不俗,其制作虽工,不过随机布置。就物铺张,并非刻意求新,以市巧而饰观者也。维冀超脱时习,不类庸流,庶不没儒者之本色耳。"[1]对于儒者来

[1] [清]黄图珌著:《看山阁集》(四库未收书辑刊第拾辑第17册),北京:北京出版社,1998 年,第 720 页。

说，"清而不浊，雅而不俗"是其重要的审美标准，反映在居室家具上，其制作虽然工巧，但设计更为重要，不能墨守成规，而要随机布置。为此，黄图珌设计了多种家具，包括煖卓、三角卓（桌）、圆卓、屏风椅、围屏、三角立台等（图3-18）。如煖卓，"是卓用锡制一盒盛水，中心安以铜罐贮火，就椀之大小多寡刳洞坐之，卓角设以酒壶，如俗用水火炉状，卓面仍用木板遮盖，彻夜温和，亦对饮联吟之一助也"。如三角卓，"是卓三面，如园亭小酌，三人坐饮，殊觉雅致"。又如圆卓，"圆卓如安四脚，甚不雅观，是以只用一木，高擎盘旋如磨。噫，此亦中流砥柱之一法也"。再如屏风椅，"是椅以黑白二色，藤穿梅花为靠背，置书室中颇雅"[1]。从以上几件家具来看，黄图珌并没有尽数列举各种家具，而是有所选择，通过家具的自身形态、组合方式以及使用状况，强调了设计的重要性，其目的在于必求雅致，不耻从俗（图3-19～图3-21）。

3. 器玩：制作工巧，然必参用古法

黄图珌在《闲笔》卷十一《清玩部》中提出："今人制作颇为工巧，然必参用古法，方成良器。若竟自出新裁，不知仿古，窃恐鄙俗之形。"[2]在卷十二《清玩部》中又提出："器用大有关于人之幽俗，不可不究心也。旧制则喜其款素而性淳，时物则厌其色华而气烈，是以君子当取旧

---

[1]［清］黄图珌著：《看山阁集》（四库未收书辑刊第拾辑第17册），北京：北京出版社，1998年，第721-722页。

[2]［清］黄图珌著：《看山阁集》（四库未收书辑刊第拾辑第17册），北京：北京出版社，1998年，第730页。

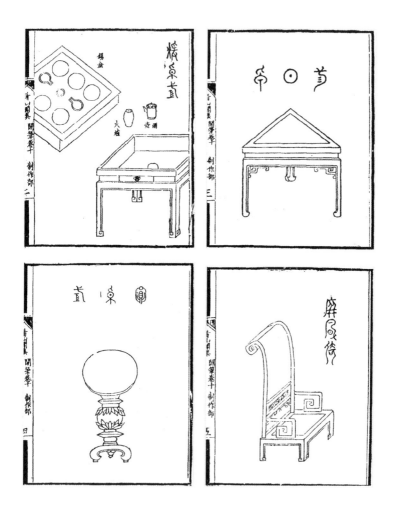

图 3-18　黄图珌《看山阁集》中的桌式（清代），中国国家图
书馆藏

　　黄图珌在《看山阁集》制作部中，将生活与审美相结合，设计
了6种家具形式，包括暖桌式、三角桌、圆桌式、屏风椅、立台式、
围屏式，每种家具都以图样为例，详细说明居家日用之物的制作
必求别致之法。

图 3-19　红木嵌大理石七巧桌（清代），引自濮安国著《明清苏式家具》

　　七巧桌的设计，可能与宋人黄伯思（1079—1118）的《燕几图》、明人戈汕（生卒年不详）的《蝶几谱》有着渊源关系，值得进一步研究。此桌由七个大小不一的小几组合而成，长140厘米，宽70厘米，高82.5厘米，以红木制成；桌面以大理石镶嵌，桌下踏脚用冰裂纹构造，拆开时可作花几香案，拼合时可作棋桌琴台；构思巧妙，变化多端，做工精致，体现了江南文人的盎然意趣和匠人的高超技艺。此桌原陈于苏州留园揖峰轩，现藏于苏州园林博物馆。

图 3-20　紫檀红漆彩绘描金圆转桌（清代），故宫博物院藏

　　刘敦桢先生所著的《苏州古典园林》"留园佴云庵内景"
图片中，有一件圆桌家具，但现存留园中尚未见到实物。而雍
正年间清宫内务府造办处制作的圆转桌，与留园的圆桌十分
相似。此桌高89.5厘米，径124厘米，以紫檀木制成；上部桌面
为葵花形，对应侧面设有抽屉，桌面以红漆为地，彩绘描金各
种图案，中部装独梃宝瓶式，内贯铜轴，可以转动，用角牙分六
个面，每面皆描金图案，下部底座亦为葵花式，面上红漆彩绘。
此桌的最大特点，在于它的可转动性，可谓清代前期家具设计
的创举。

图 3-21　乌木七屏卷书式扶手椅（清代），故宫博物院藏

　　据资料显示，此椅的卷书式搭脑在当时十分流行，这与追求屏风式、书卷气的家具形式有着密切相关。此椅长 52 厘米，宽 41 厘米，高 82.5 厘米，以乌木制成；通体用圆材，靠背及扶手仿窗棂灯笼锦式，共七屏，中间最高，两边依次渐低，卷书式搭脑高出椅背，座面下装罗锅枨加矮佬，足端装四面平管脚枨，正面横枨下加罗锅枨，两侧及后面装云形角牙；此椅造型方正，用材圆润，构架空灵，具有清代前期的风格特点。

而不取时也。"[1]在这里,他明确提出了"良器"的概念以及评价标准:一是要参用古法;二是要取旧不取时。以文案宝具来说,黄图珌认为:"文案所须,当求古物,愈古愈妙。如笔斗本属木器,年久物旧,而色泽纯粹,款式古朴,得岑静不俗之妙。……时尚新兴,炎炎然一团熏炙之气,直逼于人邪,虽极欲仿旧,总不得真旧之奥妙也";进而对砚、笔、墨、纸、水中丞、书镇、秘阁等作了记述。如砚,"砚为文房至重之宝,虽得古端溪,亦当以发墨为佳。如玉砚非不华美可爱,窃恐未能发墨,仅饰人观,不适吾用,何足取也"[2]。这是要求在师古的同时,也要讲求实用。黄图珌强调"古""旧""古法""旧制""师古""取旧",以此来反对"新""时""新裁""时物"。不过,黄图珌并不排斥当时西洋传入之物。如镜子,他认为,大而圆的古铜镜,以满云图样为座,取祥云捧月之意,置于中堂,雅俗共赏,"然不若西洋所产之玻璃镜,不须拂拭,当自光明也"。再如自鸣钟,他认为:"西洋自鸣钟,可为巧矣。贮之于书室中,及其时也,不扣自鸣,可以解宿醒,而醒瞌睡不亦妙乎。"[3](图 3-22～图 3-25)

4. 陈设:布置得宜与铺张合式

黄图珌在《闲笔》卷十二《清玩部》中专设《陈设》篇,论述了家具、器玩的布置。他认为:"陈设之难,难求

[1][清]黄图珌著:《看山阁集》(四库未收书辑刊第拾辑第17册),北京:北京出版社,1998年,第739页。

[2][清]黄图珌著:《看山阁集》(四库未收书辑刊第拾辑第17册),北京:北京出版社,1998年,第743-744页。

[3][清]黄图珌著:《看山阁集》(四库未收书辑刊第拾辑第17册),北京:北京出版社,1998年,第745页。

图 3-22 紫檀木梳妆箱（清代），苏州博物馆西馆藏

　　此箱尺寸不详，以紫檀木制成；箱盖一端装有一面玻璃镜，将盖开启，可将玻璃镜倾斜支在箱顶上，箱正面设有箱门，可向两边对开，箱体内分为上下两层，上层为匣，下层为屉，用以存放梳具、胭脂、香粉等梳妆用品，匣面、屉面装有铜吊牌，箱盖放下，可扣住箱门，并装有铜合页和锁钮；此箱设计巧妙，用材名贵，做工精致，体现了清代苏州木作工艺的高超水平。

图 3-23 吴江退思园菰雨生凉轩的玻璃镜现状,成果拍摄

　　此轩面阔三开间,进深二间,轩内用玻璃镜、屏门、挂落飞罩分隔为南北两室,北室贴水而筑,盛夏可观赏水景,南室外接庭院,是欣赏冬景的好地方。北室屏门上的大玻璃镜,透过明间的落地长窗和边间的半窗,可将窗外的水景倒映其中,人卧于镜下的湘妃榻,犹如身在水面"卧游",由此产生"菰雨生凉"的境界。

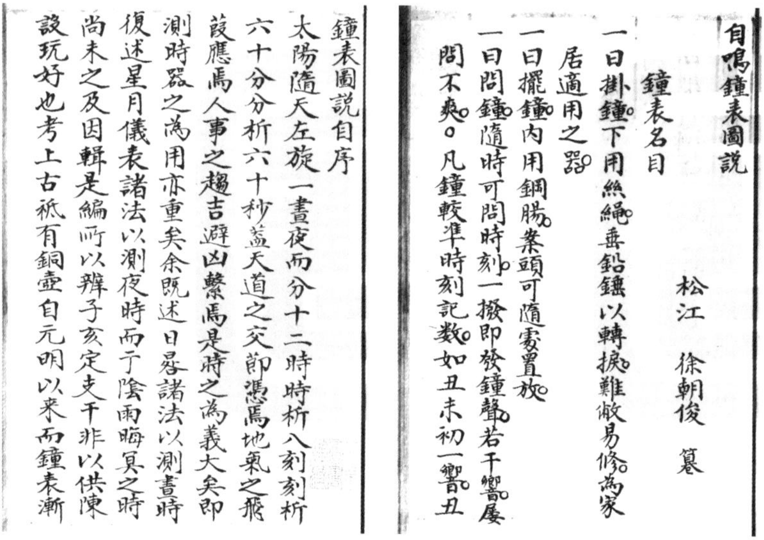
自鳴鐘表圖說
松江　徐朝俊　纂
鐘表名目
一曰掛鐘。下用絲繩。垂鉛錘以轉換。難做易修。為家
居適用之器。
一曰擺鐘。內用銅腸。案頭可隨處置放。
一曰問鐘。隨時可問時刻。一撥即發鐘聲。若干響。屢
問不爽。凡鐘較準時刻記數。如丑末初一響。丑

鐘表圖說自序
太陽隨天左旋一晝夜而分十二時時析八刻刻析
六十分分析六十秒蓋天道之交節憑焉地氣之飛
葭應焉人事之趨吉避凶繫焉是時之為義大矣即
測時器之為用亦重矣余既述日晷諸法以測晝時
復述星月儀表諸法以測夜時而于陰雨晦冥之時
尚未之及因輯是編所以辨子亥定支干非以供陳
設玩好也考上古祇有銅壺自元明以來而鐘表漸

图 3-24　徐朝俊《自鸣钟表图说》(清代)，中国国家图书馆藏

徐朝俊，生卒年不详，为松江华亭(今上海)人，于清嘉庆十四年(1809)纂成《自鸣钟表图说》。全书共分为十个部分，包括钟表图说、钟表名目、钟表事件、事件图、配轮齿法与作法、修钟表停摆法、修打钟不准法、装拆钟表法、用钟表法、钟表琐略等，配有50余幅机械零件图，可谓集钟表之大成。此书被李约瑟博士列为清代中晚期五大重要著作之一。

图 3-25　红木雕刻嵌螺钿插屏钟（清代），引自龚良主编《精准
与华美：南京博物院藏钟表精品》

　　据文献记载，清代前期除了外国使团和传教士向中国皇帝进献
自鸣钟外，康熙帝在清宫内务府造办处设有"自鸣钟处"制作钟表，
以后，南京、上海、苏州、杭州等也成为江南地区制作钟表的主要城
市。左图为红木雕刻插屏钟，高54厘米，宽37厘米，厚29厘米；右
图为红木嵌螺钿插屏钟，高48.5厘米，宽30.1厘米；两钟均为苏州制
作，以红木插屏为形式，外观雕刻或镶嵌螺钿，钟面板铜镀金錾寿字
图案，钟盘装二针时钟，钟内设走时、打时两套机芯。

其雅，易蹈于俗也。虽秦汉奇珍，宋元名笔，如一布置失
宜，不觉其雅，自形其俗。蒲团竹簟，茶灶酒垆，铺张合式，
不见其俗，反增其雅。所以陈设器皿，有不可忽者，一登
其堂，则主人之雅俗毕露，可不畏哉。"[1]为解决"陈设之

---

　　[1]［清]黄图珌著：《看山阁集》（四库未收书辑刊第拾辑第
17册），北京：北京出版社，1998年，第740页。

难"，黄图珌对许多家具、器玩的布置作了详细叙述，包括扁对、桌椅、屏风、榻床、醉翁椅、立台、帘幕、藏书、挂画、供花、炉、琴、棋等。如桌椅布置，"中堂为宾客交接之地，正中一几，既不可少，而左右相对设椅，亦属不易者，或四把或六把，或多至八把十二把。当以四把列前，四把退后，余则分作两层，庶得次序。其书房园屋画桌，仍须依墙贴壁，但不拘上下，毋令对面，椅必两把一处，不容相向。至香几书案，务使安顿合宜，参差错落，自得其高雅之趣矣"[1]。此外，桌椅布置与其形状、材质也有关系，如正厅宜用方桌，书房园屋或圆桌或方桌；紫檀、花梨、黄杨、乌木之桌椅，富贵家宜用，寒士则以白木为雅。总之，清玩布置要得宜，而家具、器皿铺张要合式（图3-26，图3-27）。

黄图珌《看山阁集》的室内设计思想，可以概括为表3-2：

表3-2　黄图珌《看山阁集》室内设计思想、内容和出处

	门帘门户	家具	器玩	陈设
思想	不必好奇，务在求雅	制作虽工，不过随机布置	制作工巧，然必参用古法	布置得宜与铺张合式
内容	二宜帘、线帘、画帘、当月帘、太极帘、秋叶帘、琴门、瓷瓶门、胆瓶门、画中扉、此君户、画屏户、石户	煖卓、三角卓、圆卓、屏风椅、围屏、三角立台等	砚、笔、墨、纸、水中丞、书镇、秘阁、石磬、盘、镜、如意、印章、都承盘、自鸣钟、葫芦、盆景等	扁对、桌椅、屏风、榻床、醉翁椅、立台、帘幕、藏书、挂画、供花、炉、琴、棋行等
出处	《闲笔·制作部》	《闲笔·制作部》	《闲笔·清玩部》	《闲笔·清玩部》

---

[1]　[清]黄图珌著：《看山阁集》（四库未收书辑刊第17册），北京：北京出版社，1998年，第741页。

图 3-26（a、b） 苏州留园林泉耆硕之馆布置现状，作者拍摄

　　林泉耆硕之馆是留园东部园区的主要建筑，坐北朝南，面阔五开间，宽13.16 米，进深 13.88 米，檐高 3.65 米，歇山顶。此馆也为鸳鸯厅形式，北厅顶部为五界扁作，南厅顶部为五界圆作；南北厅之间用屏门、圆光罩、纱隔分隔，北厅有匾额"林泉耆硕之馆"，屏门刻《冠云峰赞》全文，南厅有匾额"奇石寿太古"，屏门刻《冠云峰图》，与北侧庭院的太湖名石"冠云峰"隔池相望；一组红木家具、供石古瓶、玻璃镜屏等对称布置，南北各不相同。此馆与拙政园三十六鸳鸯馆同类，都是江南鸳鸯厅形式的代表作品。

图 3-26b

图 3-27（a、b） 苏州留园揖峰轩书房布置（现状），作者拍摄

　　揖峰轩是留园五峰仙馆的辅助建筑，坐北朝南，面阔三开间，宽
8.12米，进深4.16米，檐高3.22米，硬山顶。轩内采用平顶天花，以纱
隔、挂落分隔成东西两部，东部为读书作画之处，西部为抚琴弈棋之
所，东部有匾额"揖峰轩"、红木罗汉床、七巧桌、琴砖桌台、"仁者寿"
挂屏等家具玩灵活布置，与南门外的石林小院、北窗西窗外的山石
翠竹，以及周边走廊、半亭、小斋等，共同营造出一个精妙的书斋环境，
堪称江南文人书斋的经典作品。

图 3-27b

三、曹庭栋《老老恒言》的室内设计思想

曹庭栋（1699—1785），字楷人，浙江嘉善人。他出身于书香门第，其祖父曹子顾曾任吏部侍郎，兄长曹古谦也为贡生，接受过征召。曹庭栋从小就生活在文化、经济都很丰厚的家庭中，幼年时体弱多病，世人称"童子痨"，因此终生都没有走出过家乡，即使年长后，受到浙江巡抚的延请，也坚决推辞，没有接受征聘。曹庭栋天性恬淡，虽然博览群书，在经学、史学、词章、考据方面无不通晓，但他并不附和当时文坛种种不良习气，这使他朋友稀少，名声也不大。曹庭栋辟有园林，终日焚香鼓琴，即使到了晚年，仍以读书著书为乐，"不下楼者"三十年，所坐木榻穿而复补。曹庭栋与世无争，过着隐居山林的生活，注重养生之道，一直活到八十六岁才辞世。

曹庭栋一生著述丰富，有多部著作见于《清史列传》，并传于世。其所撰的《老老恒言》是一部老年养生著作，初刊于清乾隆三十八年（1773），分为五卷，卷一为安寝、晨兴、盥洗、饮食、食物、散步、昼卧、夜坐；卷二为燕居、省心、见客、出门、防疾、慎药、消遣、导引；卷三为书室、书几、坐榻、杖、衣、帽、带、袜、鞋、杂器；卷四为卧房、床、帐、枕、席、被、褥、便器；卷五为粥谱说、择米第一、择水第二、火候第三、食候第四、上品三十六、中品二十七、下品三十七。由于养生关系到起居饮食，所以本书中涉及大量的室内设计内容，也有着丰富的室内设计思想。

1. 书室卧房：借以遣闲与静则神安

曹庭栋在卷三、卷四中分别论述了书室、卧房设计。他提出："学不因老而废，流览书册，正可借以遣闲，则终日盘桓，不离书室。"[1]因此书室的朝向，"取向南，乘阳也"；窗户，"南北皆宜设窗，北窗虽设常关"，"秋冬垂幕，春夏垂帘，总为障风而设。晴暖时，仍可钩帘卷幕，以挹阳光"；地面，"卑湿之地不可居……砖铺年久，即有湿气上侵，必易新砖"，亦可"铺以板，则湿气较微，板上亦可铺毯，不但举步和软，兼且毯能收湿"[2]。至于卧房，他提出："老年宜于东偏生气之方，独房独卧，静则神安也。"[3]为此卧房的门窗，"务使勿通风隙，窗阖处必有缝，纸密糊之"，"门易单扇，极窄，仅容一身出入，更悬毡幕，以隔内外"；地面，"冬以板铺地平，诚善。入夏……置矮脚凳数张，凳面大三四尺，量房宽窄，铺满于中，即同地平板"；墙壁，"纸糊遍室，则风始断绝，兼得尘飞不到，洁净爽目"；顶棚，"厚作顶板"，冬日可抵御寒气，夏日可隔绝热气；家具，"除设床之所，能容一几一榻足矣"[4]。按照曹庭栋的观点，书室因浏览书籍而可以打发闲暇，卧房因环境安静则可以心神安宁，为达到这两种目标，他对其设

---

　　［1］［清］曹庭栋撰：《老老恒言》，黄作阵等评注，北京：中华书局，2011 年，第 151 页。

　　［2］［清］曹庭栋撰：《老老恒言》，黄作阵等评注，北京：中华书局，2011 年，第 151-155 页。

　　［3］［清］曹庭栋撰：《老老恒言》，黄作阵等评注，北京：中华书局，2011 年，第 219 页。

　　［4］［清］曹庭栋撰：《老老恒言》，黄作阵等评注，北京：中华书局，2011 年，第 219-223 页。

图 3-28　苏州网师园殿春簃之书房布置现状,作者拍摄

　　殿春簃是网师园"潭西渔隐"庭院的主要建筑,由主轩和书房组成,主轩面阔三开间,宽 7.82 米,进深 7.44 米,檐高 3.22 米,硬山顶,主轩西侧为书房,两者之间用墙分隔,有门相通。书房顶部装平顶天花,西墙设一壁书架,宽大的书桌置于北窗前,书桌上放置书籍及文房用具,南北窗将庭院、小院石竹景观引入室内,并提供充足的采光通风。整个书房布置以书桌为中心,自由灵活,安静闲适,幽雅惬意。

图 3-29　苏州网师园集虚斋之卧室布置现状,引自苏州园林发展股份有限公司编著《苏州古典园林营造录》

　　集虚斋位于网师园主池景区的北部,为两层楼,底层是书房,上层是卧室,面阔三开间,宽8.70米,进深8.0米,上层檐高2.78米,硬山顶。室内用帷幔、纱隔分隔成连续房间,形成套房,尽端为卧室,一组以架子床为中心的家具应有尽有,包括架子床、条桌、花几、圆桌、鼓凳、玫瑰椅、衣橱、衣架、面盆架、镜架等。卧室布置亲切私密,温馨优雅,雍容华贵。

计提出了详细要求,一言以蔽之,就是设计上要做到顺四时、避寒暑、适身体(图 3-28,图 3-29)。

　　2. 书室家具：贵在适宜

　　曹庭栋在卷三中论述了书室中最常用的两种家具：书几和坐榻。他认为,书几的形制,"几,犹案也,桌也,其式非一","终日坐对之,长广任意";材料,"檀木瘿木,作几极佳,但质坚不能收湿,梅雨时往往蒸若汗出,惟香楠无此弊";几面,"大理石、肇庆石,坚洁光润,俱可作几面，暑月宜之"，"冬月以毯铺几，非必增暖，但使着手不冷，即觉和柔适意"；几下，"脚踏矮凳，坐时必需"；位置，"凡设书几，向南，偏着东壁为当。每有向南之室，设书几向西者，取其作字手迎天光，此又随乎人事之便"，关键在于"位置之宜，非必泥古"[1]。他又认为，榻有"卧榻"与"坐榻"之分，平时坐时，往往以坐榻觉得舒适，因为坐榻背有靠，旁有倚，所以俗称"椅子"，亦称"环椅"；坐垫，"椅面垫贵厚，冬月以小条褥作靠背，下连椅垫铺之"；位置，"如不着墙壁，风从后来，即为贼风。制屏三扇，中高旁下，阔不过丈，围于榻后，名山字屏，放翁诗'虚斋山字屏'是也。可书座右铭或格言粘于上"[2]。曹庭栋对书室家具的诸多方面都作了详细叙述，其设计思想是贵在适宜，而对于不适宜的家具也提出了批评，如李渔的"暖椅式"和"凉杌式"，曹氏认为，前者不宜老年，后者实属稚气。[3]

3. 卧房用品：贵在安寝

曹庭栋在卷四中论述了卧房所需用品，除床属于家具以外，包括帐、枕、席、被、褥、便器等。他认为安寝之法，

---

　　[1]［清］曹庭栋撰：《老老恒言》，黄作阵等评注，北京：中华书局，2011年，第160-165页。

　　[2]［清］曹庭栋撰：《老老恒言》，黄作阵等评注，北京：中华书局，2011年，第166-169页。

　　[3]曹庭栋说："李氏《一家言》有暖椅式，脚下四周镶板，中置炉火。非不温暖，但老年肾水本亏，肾恶燥，可堪终日薰灼？北地苦寒，日坐暖炕，亦只宜于北地。又有凉杌式，杌下锡作方池，以冷水注之，尤属稚气。"参见［清］曹庭栋撰：《老老恒言》，黄作阵等评注，北京：中华书局，2011年，第170页。

床为首要，帐必须与床相称，枕要斟酌高低尺寸，安卧必须用厚褥，便器实为至要，等等。不仅如此，他还对每一种用品都作了深入叙述，如帐，夏月用轻纱制之，"需量床面广狭作帐底如帐顶，布为之，帐下三面缝连，不但可以御蚊，凡诸虫蚤之类，亦无间得入"；纱帐须高广，"有以细竹短竿，横挂帐中，安置衣帕为便，冬月颇宜，夏则多一物，则增一物之热"；也有小帐之制，"竹为骨，四方同与床，或弯环如弓样，或上方而窄，下方而宽，如覆斗样，《释名》所谓'斗帐'是也"；冬月可取低小之帐，因能聚暖气，"小帐即设诸大床内"[1]。此外，他认为有一种"纱橱"在夏月可以代替纱帐，"须楼下一同三间，前与后俱有廊者，方得为之。除廊外，以中一间左右前后，依柱为界，四面绷纱作窗，窗不设棂，透漏如帐。前后廊檐下，俱另置窗，俾为掩蔽。于中驱蚊，陈几榻，日可起居，夜可休息，为销夏安适之最"[2]。这是将纱帐与装修结合起来的一种设计方法。在曹庭栋看来，卧房用品无论采用哪一种方法，其设计思想都是为了安寝（图3-30，图3-31）。

　　4. 清玩杂器：善于消遣与老年必需

　　曹庭栋在卷三中没有直接论及文房清玩，而是将其内容置于卷二中，作为老年消遣的文娱活动，包括书草书、画兰竹、观弈、听琴、作诗、赏书画、植花木、养仙鹤、观金鱼，以及洗涤砚台、焚香烹茶、插瓶花、上帘钩等。他认

---

[1]　［清］曹庭栋撰：《老老恒言》，黄作阵等评注，北京：中华书局，2011年，第233-237页。

[2]　［清］曹庭栋撰：《老老恒言》，黄作阵等评注，北京：中华书局，2011年，第241页。

图 3-30　潘允徵墓卧房家具明器（明代），上海博物馆藏

　　1960 年出土于上海市卢湾区（现徐汇区）肇嘉浜路潘允徵家族墓。此图为潘允徵（1534—1589，豫园主人）墓出土的以拔步床为中心的成套家具明器，包括拔步床、书桌、方椅、衣架、衣箱、衣橱、面盆架、马桶等，真实反映了明代文人卧室家具的布置情况。

图 3-31　黄花梨万字纹拔步床（明代），美国纳尔逊·阿特金斯
博物馆藏

　　此床尺寸不详，可参见王世襄先生所著的《明式家具研究》，床
面 207 厘米×141 厘米，床架 207 厘米×207 厘米，床高 208 厘米，通
地平高 227 厘米。拔步床是在架子床基础上演变而来，犹如建造一
座房屋，有地平、立柱、围栏、顶盖，前部设廊，后部设床，前廊中置
脚踏，侧置桌凳、梳妆台、便桶等，后床顶架内挂纱帐。

为笔墨挥洒最是乐事, 棋可遣闲, 琴可养性, 诗可自适其兴, 书画可领会古人精神, 花木可悦目赏心, 养鹤可躁气顿躅, 观鱼可足怡情、堪清目。这些闲事都与文人日常生活密切相关, 而赏书画又是文人最为关心之事, "窗明几净, 展玩一过, 不啻晤对古人。谛审其佳妙, 到心领神会处, 尽有默然自得之趣味在"[1]。此外, 曹庭栋在卷三中还专设"杂器"篇, 介绍了眼镜、太平车、美人拳、搔背爬、唾壶、暖手、风轮、暖锅、棕拂子等常用器物。如眼镜, 据《蔗庵漫录》记载, 其制于明中叶由西洋传入, 名"暧逮"。他认为眼镜为老年必需品, "光分远近, 看书作字, 各有其宜, 以凸之高下别之"[2]。再如风轮, 《三才图会》记载, 军队中有把此物置于地窖里扇扬石灰的。暑天室内有热气, 不用风不能驱除, 为此他认为: "办风轮如纺车式, 高倍之, 中有转轴, 四面插木板扇五六片, 令人举柄摇动, 满室风生, 顿除热气。"[3](图 3-32~图 3-34)

曹庭栋《老老恒言》的室内设计思想, 可以概括为表 3-3:

---

[1] [清]曹庭栋撰:《老老恒言》, 黄作阵等评注, 北京: 中华书局, 2011 年, 第 136-137 页。

[2] [清]曹庭栋撰:《老老恒言》, 黄作阵等评注, 北京: 中华书局, 2011 年, 第 210 页。

[3] [清]曹庭栋撰:《老老恒言》, 黄作阵等评注, 北京: 中华书局, 2011 年, 第 214 页。

表3-3 曹庭栋《老老恒言》室内设计思想、内容和出处

	书室卧房	书室家具	卧房用品	清玩杂器
思想	借以遣闲与静则神安	贵在适宜	贵在安寝	善于消遣与老年必需
内容	书室、卧房	书几、坐榻	床、帐、枕、席、被、褥、便器	书草书、画兰竹、观弈、听琴、作诗、赏书画、植花木、养仙鹤、观金鱼、洗砚台、焚香、烹茶、插瓶花、上帘钩；眼镜、太平车、美人拳、搔背爬、唾壶、暖手、风轮、暖锅、棕拂子
出处	卷三、卷四	卷三	卷四	卷二、卷三

图 3-32 孙云球《镜史》(清代),上海图书馆藏

孙云球约生于1650年,卒于1681年后,为江苏吴江人,清康熙二十年(1681)编辑刊刻《镜史》。全书共分十一个部分,包括昏眼镜、近视镜、童光镜、远镜、火镜、端容镜、焚香镜、摄光镜、夕阳镜、显微镜、万花镜等,每一部分对不同的镜种作了阐释,并配有相应的插图。孙云球以水晶为材料,磨制而成的各种光学器具,对后来制镜业的发展产生重要影响。1970年南京博物院考古组在江苏省吴县木渎金山乡发掘清代毕沅(1730—1797,江苏太仓人,乾隆二十五年状元)墓时,就出土了一副水晶眼镜。

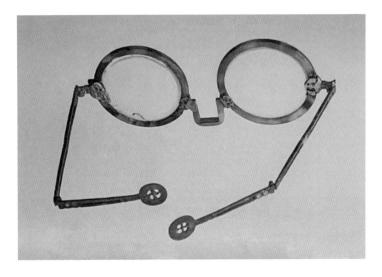

图 3-33　直腿夹持式玻璃眼镜（清代），引自孙沛文著《镜里乾坤：明可眼镜文化博物馆藏品鉴赏》

　　据文献记载，明代宣德年间已有西洋玻璃眼镜传入中国。清代前期宫廷眼镜的来源，主要有外国使团和传教士的进献，王公大臣及粤海关官员的进贡，以及清宫内务府造办处的制作等；清代中期，苏州、上海等已成为江南地区制作眼镜的主要城市，人们佩戴眼镜逐渐普及，并成为一种身份的象征。此眼镜镜片为圆形，右径4.62厘米，左径4.63厘米，镜片为玻璃，镜框为玳瑁，镜梁、镜腿均为铜质，这种玳瑁框、拱形梁、蚂蚱腿、玻璃老花镜，以及铆钉加咬合的工艺，为清代中后期眼镜的常见形式。

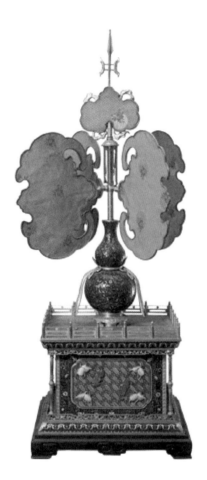

图 3-34　铜镀金珐琅五蝠风扇（清代），故宫博物馆藏

　　在清代前中期的江南地区，机械风扇实属少见。资料显示，故宫博物院藏有一件清代由英格兰制造的小风扇，雍正年间清宫内务府造办处制有铜镀金染牙箱童子风扇、铜镀金珐琅五蝠风扇，乾隆年间清宫内务府造办处又制有红木人物风扇钟等。其中，铜镀金珐琅五蝠风扇的设计制作堪称完美，下部为装饰蝙蝠和寿桃图案的箱座，中部为宝葫芦造型和装饰"大吉"二字的珐琅瓶，上部为插入瓶中呈蝙蝠形的四片扇叶，顶部为兵器戟和乐器磬造型。此风扇是中西结合的机械风扇代表作，主要满足宫廷生活的需要，而在宫廷之外的社会生活中较少。

四、结语

由以上三人生平、著作和室内设计思想的介绍与分析，不难看出，他们的设计思想继承了晚明以计成（1579—?）、文震亨（1585—1645）、高濂（约 1527—约 1603）、屠隆（1543—1605）等为代表的江南文人室内设计思想：一是表现在设计认识上，对建筑、装修、家具、器具等都有一套独特的认识；二是表现在设计追求上，美学上贵雅忌俗，艺术上遵古与作新，境界上讲究天造与自然，效果上追求文心与画意；三是表现在设计方法上，比较突出的是对位置或陈设提出了具体而明晰的方法。不过，他们在继承的同时也有创新，毕竟生活在不同的时代，其设计思想必然打上那个时代的烙印，体现那个时代的精神，反映那个时代的生活，因此又形成了一些自身的特点：

第一，面向生活。李渔作为一位生活在社会底层的文人，深知现实生活的艰辛，故他所论之事或物，无不具有贫民化的思想，正如他所说："人无贵贱，家无贫富，饮食器皿，皆所必需。"而对于玩好之物，他则认为："惟富贵者需之，贫贱之家，其制可以不问。"[1]所以他在《器玩部》中仅编"骨董"一项，没有像其他项目那样展开深入叙述，而是点到为止。黄图珌在《闲笔》中设有《清玩部》，并将其内容分为"器用""古玩""时物"三种，其中器用

---

[1] [清]李渔著：《闲情偶寄》，江巨荣、卢寿荣校注，上海：上海古籍出版社，2000 年，第 227 页。

所占比例最大，而且"陈设器皿，有不可忽者"[1]的地位，可见，器用比古玩、时物更为重要。曹庭栋专论老年养生之事，只在起居饮食上下功夫，正如金志清在本书《序》中写道："其养生之道，慎起居，节饮食，切切于日用琐屑，浅近易行，而深味之。"[2]至于清玩，曹庭栋没有设置专篇，而是把它们作为老年消遣的文娱活动来对待。可以说，他们所论之事或物，几乎都是生活日用之事或物，即使是清玩也要服务于生活，反对那些脱离生活的玩好之物。

第二，崇尚俭朴。李渔在《闲情偶寄》"凡例七则"中有所谓"四期三戒"，其中第二期就是崇尚俭朴。他称此书："惟《演习》《声容》二种，为显者陶情之事，欲俭不能，然亦节去糜费之半；其余如《居室》《器玩》《饮馔》《种植》《颐养》诸部，皆寓节俭于制度之中，黜奢靡于绳墨之外。"[3]正是出于这种期望，李渔"不敢侈谈珍玩，以为末俗扬波"，由此提出："匪特庶民之家当崇俭朴，即王公大人亦当以此为尚。"[4]黄图珌在论及古玩珍藏时，针对把历代各式钱文贮于匣中以供赏玩的现象，甚觉不妥，

[1]〔清〕黄图珌著：《看山阁集》（四库未收书辑刊第拾辑第17册），北京：北京出版社，1998年，第740页。

[2]〔清〕曹庭栋撰：《老老恒言》，黄作阵等评注，北京：中华书局，2011年，第214页，序。

[3]〔清〕李渔著：《闲情偶寄》，江巨荣、卢寿荣校注，上海：上海古籍出版社，2000年，第10-11页。

[4]〔清〕李渔著：《闲情偶寄》，江巨荣、卢寿荣校注，上海：上海古籍出版社，2000年，第181页。

因为它是"攸关国计民生之物,何可忽略"[1]。曹庭栋则以史实来阐明此问题,《南史》记载,梁武帝用一种木棉布皂帐;《晋书·元帝纪》记载,晋元帝用布帐、练帷,都是崇尚俭朴;进而他提出:"宫帏中犹有崇俭如此者,士庶之家宜知节矣!"[2]在他们看来,无论是庶民之家还是贵族之家,都应崇尚俭朴,以此来抵抗明代中后期以来的奢靡之风。

第三,讲求实用。李渔主张居室设计应从实用出发,反对建造一些华而不实的居室,所以他指出:"居宅无论精粗,总以能避风雨为贵。"[3]对于居室中的器具,李渔认为也应如此,"一事有一事之需,一物备一物之用"[4]。如橱柜,"造橱立柜,无他智巧,总以多容善纳为贵"。其制有二:一是"善制无他,止在多设搁板";二是"抽替(抽屉)之设,非但必不可少,且自多多益善"[5]。黄图珌设计的物品,几乎都与实际生活密切相关,如六种门帘和七种门户,无不是在满足实用的基础上追求雅致的效果;再如文房清玩,他认为砚"以发墨为佳","能书不择

[1] [清]黄图珌著:《看山阁集》(四库未收书辑刊第拾辑第17册),北京:北京出版社,1998 年,第 736 页。

[2] [清]曹庭栋撰:《老老恒言》,黄作阵等评注,北京:中华书局,2011 年,第 238 页。

[3] [清]李渔著:《闲情偶寄》,江巨荣、卢寿荣校注,上海:上海古籍出版社,2000 年,第 184 页。

[4] [清]李渔著:《闲情偶寄》,江巨荣、卢寿荣校注,上海:上海古籍出版社,2000 年,第 229 页。

[5] [清]李渔著:《闲情偶寄》,江巨荣、卢寿荣校注,上海:上海古籍出版社,2000 年,第 237-238 页。

笔"，"用墨必求顶烟"[1]等，都是把实用作为首要的评判标准。曹庭栋所论皆为生活日用之事，都是为了老年能够更好地闲居、安寝等，所以书中所谈书室、卧房、家具、器用等甚为详实，无不具有显著的实用性。他们在充分讲求实用的同时，也考虑到美观，力求做到实用与美观兼备。

第四，关注时物。他们对时兴之物也很重视，如黄图珌谈到镜、自鸣钟，曹庭栋也谈到眼镜、风轮，三人还不约而同地注意到便器。李渔提出："凡人有饮即有溺，有食即有便。如厕之时尚少，可于溷厕之外，不必另筹去路。"居室中，"当于书室之旁，穴墙为孔，嵌以小竹，使遗在内而流于外，秽气罔闻，有若未尝溺者。"[2]李渔也曾改进溷厕中的马桶，但考虑到晚明陈继儒（1558—1639）改制马桶在先，世人称为"眉公马桶"，他为避免剽窃之嫌，不愿步其后尘，所以"蓄之家而不敢取以示人，尤不敢笔之于书者"[3]。黄图珌对于香闺中的便桶，提出："别制一式，中藏铜胆盖之，宛若鼓式一凳，既属雅观尤能久，而适用诚美制也。"[4]曹庭栋所谈便器最为详实，他将其分为三种：一种是用于小便的"便壶"，其制用铜，质地较轻，其

---

[1]［清］黄图珌著：《看山阁集》（四库未收书辑刊第拾辑第17册），北京：北京出版社，1998年，第744页。

[2]［清］李渔著：《闲情偶寄》，江巨荣、卢寿荣校注，上海：上海古籍出版社，2000年，第188页。

[3]［清］李渔著：《闲情偶寄》，江巨荣、卢寿荣校注，上海：上海古籍出版社，2000年，第276页。

[4]［清］黄图珌著：《看山阁集》（四库未收书辑刊第拾辑第17册），北京：北京出版社，1998年，第727页。

式用圆形平底，不易倾覆；另一种是用于大便的"圊桶"，可将其置于环椅之下，椅面开一孔，其大小如桶，坐既安然，并杜秽气；第三种是大便亦可"另构斗室，着壁安置，壁后凿穴，作抽替承之，此非老年所必办"[1]。他们对便器的关注，虽然少了一些文人雅士的清逸，但多了一些社会生活的责任。

通过李渔、黄图珌、曹庭栋三个个案的研究，可以让我们清晰地了解到清代前中期江南文人的室内设计思想及其特点。从面向生活、崇尚俭朴、讲求实用、关注时物几个特点来看，清代前中期江南文人室内设计思想与明代中后期有着明显的不同，而最大的不同点，就是具有显著的务实性。这种务实性，是对明代中后期江南文人室内设计思想的突破，也是清代前中期江南文人室内设计思想的精华。

---

[1][清]曹庭栋撰：《老老恒言》，黄作阵等评注，北京：中华书局，2011年，第279页。

第四编

明清江南文人室内设计思想
的价值与启示

一、江南文人室内设计思想的著作概况

明代中后期，政治腐败，但经济繁荣，文风鼎盛。正是在这种社会背景下，许多江南文人难以在仕途上施展抱负，遂将人生价值的实现转向个人生活环境的艺术化创造，并对日常生活事物给予空前的关注。他们以极大的热情，参与各种事物的设计，不但如此，还纷纷著书立说，创作大量与此相关的著作，成为这时期盛极一时的文学风尚。明亡以后，朝代的更迭使文艺思潮发生很大的变化，明代的文学风尚也得到重新审视；同时，随着清朝专制统治的加强和正统文学思潮的冲击，对日常生活事物的创作也逐渐走向衰微。但清代前中期，仍有一部分江南文人继承了晚明文学的传统，创作出既有晚明精神又有时代特色的著作。

中国文学史上，把这些明清江南文人创作的著作，习称为"小品文"。"小品"一词，本是指佛经中篇幅短小、语言简约、便于诵读和传播的节本，与"大品"相对。[1]明代时，一些文人将其运用到文学领域中，由于没有明确的定义，凡是短篇杂记一类的文章，均可称之为小品。清乾隆时，纪昀等编纂的《四库全书》收录了许多明清江南文人的著作，并把一部分著作汇集在一起，统称为"杂

---

[1]《世说新语·文学》："殷中军读小品，下二百签，皆是精微。"刘孝标注："释氏《辨空》，经有详者焉，有略者焉；详者为大品，略者为小品。"可见，小品与大品相对，主要是指篇幅上的区别。

品"，指出"穷究物理，胪陈纤索者谓之杂品"[1]。从小品到杂品的概念含义来看，一些明清江南文人创作的著作，文体自由，内容丰富，不再是"经国之大业，不朽之盛事"，而只是"于世为闲事，于身为长物"。于是，日常生活中的山水园林、室庐斋阁、内外装修、家具器玩、服饰妆容、戏曲养生等事物，都成为文人书写的对象。从中我们不难发现，有许多对象与设计学密切相关。从这个角度出发，文人著作大致可以分为以下几种类型：

综合设计类。这类著作常以各种事物为对象，分门别类地论述它们的设计、欣赏和制作。如计成（1579—？）的《园冶》共分三卷，内容包括兴造论、园说、相地、立基、屋宇、装折、栏杆、门窗、墙垣、铺地、掇山、选石、借景等；文震亨（1585—1645）的《长物志》共分十二卷，内容包括室庐、花木、水石、禽鱼、书画、几榻、器具、衣饰、舟车、位置、蔬果、香茗等；李渔（1611—1680）的《闲情偶寄》共分八部，其中居室部、器玩部、种植部，内容涉及房舍、窗栏、墙壁、联匾、山石、制度、位置、木本、藤本、草本、众卉、竹木等。除此以外，高濂（约1527—约1603）的《遵生八笺》、屠隆（1543—1605）的《考槃馀事》、卫泳（生卒年不详）的《枕中秘》、黄图珌（1699—1765后）的《看山阁集》、曹庭栋（1699—1785）的《老老恒言》等，所论事物种类及内容都具有综合设计的特点。

器玩鉴赏类。此类著作常以可供玩赏的器具为对

---

[1]　[清]永瑢等撰：《四库全书总目》，北京：中华书局，1965年，第1006页。

象，做条理化、系统化的鉴别和品评。文本形式有二：一是综合鉴赏，如曹昭（生卒年不详）的《格古要论》、张应文（生卒年不详）的《清秘藏》、谷泰（生卒年不详）的《博物要览》、董其昌（1555—1636）的《骨董十三说》、唐铨衡（约 1530—1594）的《文房肆考》等，都是综合论述各类器玩的鉴赏和收藏；二是专科鉴赏，如陈继儒（1558—1639）的《妮古录》专论书画碑帖、青铜鼎彝的欣赏和陈设，袁宏道（1568—1610）的《瓶史》、张谦德（1577—1643）的《瓶花谱》专述插花和案头清供，周高起（1596—1645）的《阳羡茗壶系》专记紫砂器具的源流、派别和高下（图 4-1），金元钰（生卒年不详）的《竹人录》和褚德彝（1871—1942）的《竹人续录》专记竹刻艺人的生平、技艺和风格（图 4-2）。

园林记述类。此类著作多为文人设计、游历某园林后，将其感受和体悟诉诸笔端，形成园记类著作。文本形式有二：一是单篇园记，如文徵明（1470—1559）的《王氏拙政园记》、王世贞（1526—1590）的《弇山园记》、邹迪光（1550—1626）的《愚公谷乘》、祁彪佳（1602—1645）的《寓山注》、黄周星（1611—1680）的《将就园记》等，都是著名的单篇园记；二是多篇园记，如王世贞的《古今名园墅编》《游金陵诸园记》、袁宏道的《园亭纪略》、祁彪佳的《越中园亭记》、佚名的《娄东园林志》等。此外，文人笔记中也有大量的园记，如张岱（1597—1689）的《陶庵梦忆》中有江南园记 9 篇（图 4-3），钱泳（1759—1844）的《履园丛话》中有江南园记 53 篇，厉鹗（1692—1752）的《东城杂记》中有杭州园记 89 篇，李斗（？—1817）的

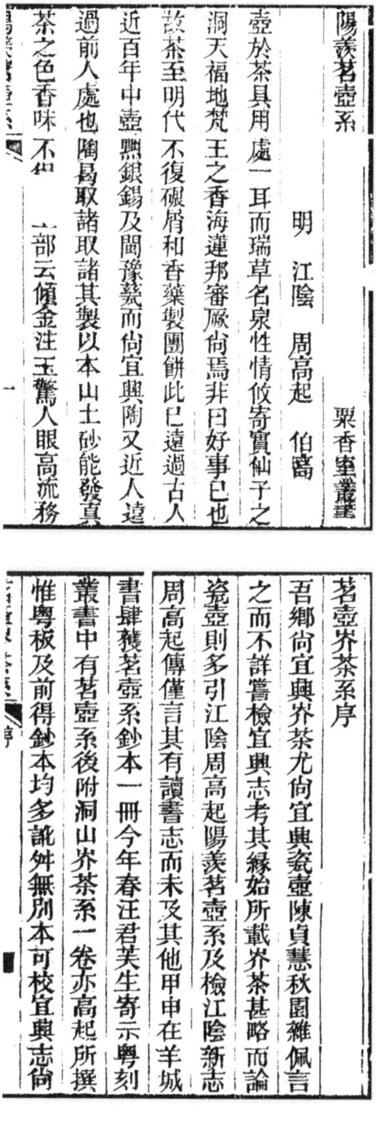

陽羨茗壺系

聚香室叢書

明　江陰　周高起　伯高

壺於茶具用處一耳而瑞草名泉性情攸寄實仙子之
洞天福地梵王之香海蓮邦審厥尚焉非曰好事已也
故茶至明代不復碾屑和香藥製團餅此已遠過古人
近百年中壺黜銀錫及閩豫瓷而尚宜興陶又近人遠
過前人處也陶曷取諸其製以本山土砂能發真
茶之色香味不　　一部云傾金注玉驚人眼高流務

茗壺系茶系序
吾鄉尚宜興岕茶尤尚宜興瓷壺陳貞慧秋園雜佩言
之而不詳嘗檢宜興志考其緣始所載岕茶甚略而論
瓷壺則多引江陰周高起陽羨茗壺系及檢江陰新志
周高起傳僅言其有讀書志而未及其他甲申在羊城
書肆獲茗壺系鈔本一冊今年春汪君芙生寄示粵刻
叢書中有茗壺系後附洞山岕茶系一卷亦高起所撰
惟粵板及前得鈔本均多詭舛無別本可校宜興志尚

图 4-1　周高起《阳羡茗壶系》（明代）,中国国家图书馆藏

《阳羡茗壶系》初刊于清康熙三十四年（1695）杭州人王晫、歙县人张潮编纂的《檀几丛书》,为江阴（今属苏州）人周高起（1596—1645）所撰。全书从创始、正始、大家、名家、雅流、神品、别派等几个方面,对阳羡（今宜兴）陶工陶土的世系流传作了记述与评价。

图 4-2 金元钰《竹人录》(清代),引自王光乾《〈竹人录〉作者金元钰研究》

《竹人录》初刊于清嘉庆十二年(1807),为嘉定人金元钰(生卒年不详)所撰。全书分为两卷,对明清嘉定派竹刻艺人的生平、技艺和风格作了记述。而余杭人褚德彝(1871—1942)批评《竹人录》"限以练川,微嫌太隘",于是撰《竹人续录》,刊行于民国十九年(1930)。此书也分为两卷,对明清至民国非嘉定籍的竹刻工作了续记。

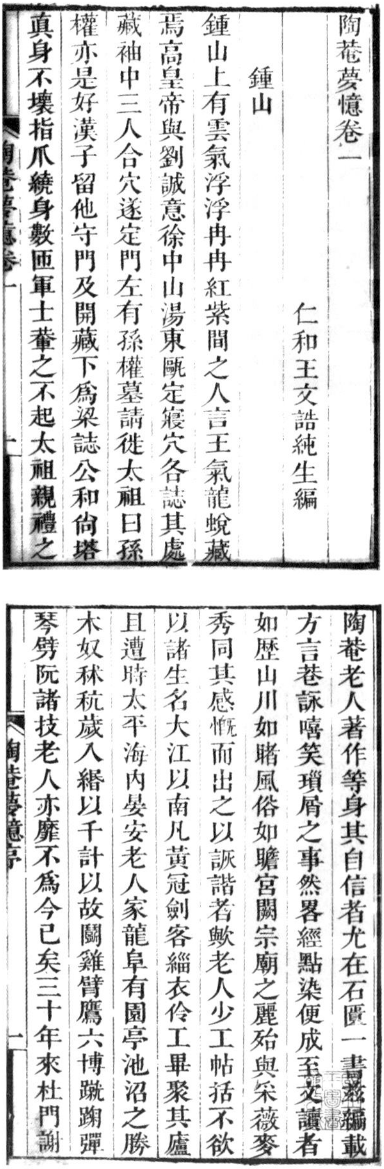

陶菴夢憶卷一

仁和王文誥純生編

鍾山

鍾山上有雲氣浮浮冉冉紅紫間之人言王氣龍蛻藏焉高皇帝與劉誠意徐中山湯東甌定襄穴各誌其處藏袖中三人合穴遂定門左有孫權墓請徙太祖曰孫權亦是好漢子留他守門及開藏下爲梁誌公和尚塔真身不壞指爪繞身數匝軍士輦之不起太祖親禮之

陶菴老人著作等身其自信者尤在石匱一書然藏載方言巷詠嘻笑瑣屑之事然著經點染便成至文讀者如歷山川如睹風俗如嚼宮闕宗廟之麗殆與采薇麥秀同其感慨而出之以誄諧者歟老人少工帖括不欲以諸生名大江以南凡黃冠劍客緇衣伶工畢聚其廬且遭時太平海內晏安老人家龍阜有圍亭池沼之勝木奴林秫秫人緒以千計以故闘雞臂鷹六博蹴踘彈琴劈阮諸技老人亦靡不爲今已矣三十年來杜門謝

图4-3　张岱《陶庵梦忆》(明代),中国国家图书馆藏

《陶庵梦忆》初刊于清乾隆五十九年(1794),为山阴(今绍兴)人张岱(1597—1689)所撰。全书分为八卷,对晚明茶楼酒肆、歌馆舞榭、说书演戏、放灯迎神、养鸟斗鸡、打猎阅武、山水风景、文物古迹、工艺书画等社会生活和风俗人情都有反映,尤其对江南工匠及其技艺多有记述,如《吴中绝技》《濮仲谦雕刻》《诸工》等篇。

《扬州画舫录》中也有扬州园记 16 篇。

小说描述类。此类著作常以人物的塑造和情节、环境的描述，来表现社会生活。明代以后，文人创作的小说和笔记小说中描写园林、建筑、室内环境的作品不断增多，如冯梦龙（1574—1646）的"三言"（即《喻世明言》《警世通言》和《醒世恒言》）、凌濛初（1580—1644）的"二拍"（即《初刻拍案惊奇》和《二刻拍案惊奇》）、施耐庵（生卒年不详）的《水浒传》、兰陵笑笑生的《金瓶梅》、曹雪芹（生卒年不详）的《红楼梦》（图 4-4）、沈复（1763—?）的《浮生六记》等。《红楼梦》中，"每每在描写了园林艺术的山水亭台、院落花木之后，接着就进而深入室内，对其间的各种装饰陈设以及居住者的生活内容和生活情调加以详细的描写"[1]。值得注意的是，文人在小说和笔记小说中塑造出来的环境，不同于现实生活中的环境，但它又是文人在现实生活的基础上，经过筛选、提炼、概括出来的比现实生活更典型、更完美、更理想的环境，因此，这种文学化的环境也反映出文人的创作思想和方法。

图像谱录类。此类著作往往以各种事物为对象，做图像化、谱系化的描绘和整理，形成图谱类著作。如王圻（生卒年不详）及其子王思义的《三才图会》为综合图谱，记录了"天""地""人"三界中的一切事物，共收图 6000余幅，可谓明代图谱类百科全书；汪氏（生卒年不详）的

---

[1] 王毅：《中国古典居室的陈设艺术及其人文精神——从"大观园"中的居室陈设谈起》，《红楼梦学刊》，1996 年第 1 辑，第 274页。

图4-4　改琦《红楼梦图咏》(清代),引自《红楼梦图咏》

　　《红楼梦》自清乾隆五十六年(1791)问世以来,便大受欢迎,随之出现了"红楼画",主要有插图和画册,而画册中最负盛名的是改琦的《红楼梦图咏》。此书刊刻于清光绪五年(1879),由淮浦居士编,祖籍西域人、后入籍江苏华亭(今上海)的改琦(1774—1829)绘制,全书分为四卷五十图,描绘了红楼梦的主要人物形象。所选4幅木刻版画分别为《惜春》《妙玉》《王熙凤》和《晴雯》,从中可以了解居住者的室内生活环境。

《诗馀画谱》、黄凤池（生卒年不详）的《唐诗画谱》为诗词图谱，一诗一图，前者收图 100 幅（现存残本 97 幅），后者收图 144 幅（图 4-5，图 4-6）；林有麟（1578—1647）的《素园石谱》为山石图谱，收图 249 幅；戈汕（生卒年不详）的《蝶几谱》为家具图谱，以图文并茂的形式，介绍了用三角形和梯形几，共计 6 种 13 张，可拼出 130 多种桌子式样，其变化比宋人黄伯思（1079—1118）的《燕几图》更加丰富。需要说明的是，图谱是一类较为特殊的著作，它与上述以文字写成的著作有很大的区别，主要以"图"和"谱"为主，少用文字或不用文字，具有直观、简明的特点。

二、江南文人室内设计思想的四个层面

从以上所录明清江南文人著作不难看出，与设计相关的著作十分浩繁。值得注意的是，这些著作中，不仅包含大量的室内设计内容，也蕴含丰富的室内设计思想。依据它的内容和性质，可以把文人室内设计思想归纳为以下几个层面。

1. 设计之人：两种能力

在明清江南文人的著作中，明确提出了一个非常重要的问题，即设计之人——设计师的问题。计成在《园冶》"兴造论"开篇就指出："世之兴造，专主鸠匠，独不

图 4-5　汪氏《诗馀画谱》(明代)，引自《诗馀画谱》

　　《诗馀画谱》刊行于明万历四十年(1612)，为诗词图谱，一诗一图，共收图100幅(现存残本97幅)，辑者为汪氏，其生卒年不详，只知其为宛陵(今安徽宣城)人。所选4幅木刻版画分别为《秋闺》《春闺》《春景》和《劝酒》，反映了明代文人的园居生活。

图 4-6 黄凤池《唐诗画谱》(明代),引自《唐诗画谱》

　　《唐诗画谱》刊行于明万历四十八年(1620),为集雅斋刻本,也是诗词图谱,一诗一图,共收图144幅,编者即集雅斋主人黄凤池,其生卒年不详。所选4幅木刻版画分别为《秋夕》《闺情》《题画》和《夏日》,同样反映了明代文人的园居生活。

闻三分匠、七分主人之谚乎? 非主人也, 能主之人也。"[1]
首次阐明了"匠人""主人""能主之人"的区别, 园林兴
造的成败并不取决于匠人、园主人, 而是取决于能够主持
园林兴造的能主之人。这里所说的能主之人, 用今天的
话来说, 也就是设计师。在计成看来, 设计师应具备两方
面的才能: 一是"胸有丘壑", 也即能够从总体上把握设
计与建造的全局, 并根据使用和建造条件预先提出构想;
二是"从心不从法", 也就是设计与建造过程中不能像一
般工匠那样按陈法办事, 而要针对实际条件加以发挥, 这
就要求设计者具有相应的创新能力和艺术品位。李渔自
称生平有两绝技, 其中之一即"置造园亭"。他认为:"人
之葺居治宅, 与读书作文同一也。譬如治举业者, 高则
自出手眼, 创为新异之篇"; 即使不能如此, "亦将读熟之
文移头换尾, 损益字句而后出之"。[2]也就是要求园林兴
造不应不加思考地按成规行事, 而应"自出手眼, 创为新
异之篇"。李渔的这种要求与计成的能主之人的说法有
相通之处, 都是强调设计师在园林居室营造中的重要作
用和地位(图 4-7)。

2. 设计之物: 闲事长物

在明清江南文人的著作中, 设计的事物可谓丰富多
彩, 大到山水园林、室庐斋阁, 小到文房清玩、案头清供,
莫不有所论述, 提出了诸多设计思想。其一是整体设计

---

　　[1]［明］计成原著, 陈植注释:《园冶注释》, 北京: 中国建筑工
业出版社, 1988 年, 第 47 页。
　　[2]［清］李渔著:《闲情偶寄》, 江巨荣、卢寿荣校注, 上海: 上
海古籍出版社, 2000 年, 第 181 页。

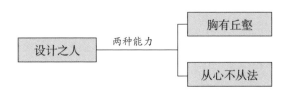

图 4-7 "设计之人"思想构成示意图,作者绘制

观,如文震亨说:"居山水间者为上,村居次之,郊居又次
之。吾侪纵不能栖岩止谷,追绮园之踪,而混迹廛市,要
须门庭雅洁,室庐清靓。亭台具旷士之怀,斋阁有幽人之
致。又当种佳木怪箨,陈金石图书,令居之者忘老,寓之
者忘归,游之者忘倦。"[1]文氏在这里表达了一种文人理
想的居住环境。而这个居住环境,又是由园林选址、门庭
室庐、亭台斋阁、室外种植、室内陈设等各个部分共同组
成的一个整体。也就是说,室内设计只是构成这个整体
的一个组成部分,这就要求室内设计要与其他部分相互
配合和协调,建立整体设计的意识。其二是建筑观,李渔
认为:"人之不能无屋,犹体之不能无衣。……堂高数仞,
榱题数尺,壮则壮矣,然宜于夏而不宜于冬,登贵人之堂,
令人不寒而栗,虽势使之然,亦廖廓有以致之;……及肩
之墙,容膝之屋,俭则俭矣,然适于主而不适于宾。"进而
提出:"房舍与人,欲其相称"[2]的设计原则。它的基本
含义是,房舍与人的身体与心理相称、与人的身份与地位

[1] [明]文震亨著:《长物志》,海军、田君注释,济南:山东画
报出版社,2004 年,第 1 页。
[2] [清]李渔著:《闲情偶寄》,江巨荣、卢寿荣校注,上海:上
海古籍出版社,2000 年,第 180 页。

相称、与人的日常生活相称。其三是装修观，计成认为：
"凡造作难于装修"，为此提出："曲折有条，端方非额，如
端方中须寻曲折，到曲折处还定端方，相间得宜，错综为
妙"[1]的设计原则。要求装修设计讲求"曲折"有条理，
"方正"无定则，而两者的关系是"相间得宜，错综为妙"。
其四是家具观，文震亨认为："古人制几榻，虽长短广狭
不齐，置之斋室，必古雅可爱，又坐卧依凭，无不便适。燕
衍之暇，以之展经史、阅书画、陈鼎彝、罗肴核、施枕簟，
何施不可？"[2]在文氏看来，置于室内的家具，须"古雅可
爱"，也即以古为雅作为家具设计的审美标准；坐卧依凭
的家具，要"无不便适"，也就是以实用为本作为家具设
计的衡量标准；而家具的功用，在于展示经史、阅览书画、
陈设鼎彝、罗列肴核、施于枕簟等。其五是器具观，文震
亨认为："古人制具尚用，不惜所费，故制作极备，非若后
人苟且，上至钟鼎、刀剑、盘匜之属，下至隃糜、侧理，皆以
精良为乐。"[3]在这里，文氏对古人"制具尚用""制作极
备""精良为乐"的传统给予充分的肯定，并以此为参照，
批评时人在器具设计上雅俗莫辨、目不识古的现象。其
六是位置观，文人对建筑、装修、家具、器具的位置经营也
作了具体论述，如文震亨认为："位置之法，繁简不同，寒
暑各异。高堂广榭，曲房奥室，各有所宜，即如图书、鼎彝

[1]［明]计成原著，陈植注释:《园冶注释》，北京:中国建筑工业出版社，1988年，第110页。

[2]［明]文震亨著:《长物志》，海军、田君注释，济南:山东画报出版社，2004年，第259页。

[3]［明]文震亨著:《长物志》，海军、田君注释，济南:山东画报出版社，2004年，第288页。

之属,亦须安设得所,方如图画。"[1]这是关于位置经营的总体原则和方法;李渔针对器玩位置,提出"忌排偶""贵活变"的布置方法;黄图珌针对家具器玩,也提出清玩"布置得宜"、家具器用"铺张合式"的陈设方法(图 4-8)。

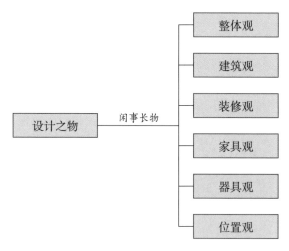

图 4-8 "设计之物"思想构成示意图,作者绘制

3. 设计之道:以物载道

明清江南文人通过对各种事物的论述,揭示潜藏在事物内部的本质。这种以物载道的设计思想主要表现在:其一是生活观,这种观念在文人著作中体现得非常充分,而且每位文人对生活事物的看法、见解和主张也不尽相同。如文震亨、高濂、屠隆等人所论事物,皆为"文人"日常生活中的清赏把玩;而李渔、曹庭栋等人所论事物,则

---

[1] [明]文震亨著:《长物志》,海军、田君注释,济南:山东画报出版社,2004 年,第 411 页。

是"百姓"日常生活中的必备用品。李渔的生活观，正如他所说："人无贵贱，家无贫富，饮食器皿，皆所必需。"至于玩好之物，他则认为："惟富贵者需之，贫贱之家，其制可以不问。"[1]李渔、文震亨等人各自关于生活事物的理解和总结，虽有不同，但由它们共同反映了明清江南的社会生活。其二是节俭观，针对明中期以后江南地区出现的崇"奢靡"的社会风尚，许多文人提出了尚"俭朴"的观念。如沈春泽在《长物志》"序"中写道："删繁去奢之一言，足以序是编也。"[2]用"删繁去奢"四字来概括文震亨编著的总体特点。李渔《闲情偶寄》"凡例七则"中也有"崇尚俭朴"之期，他称此书："惟《演习》《声容》二种，为显者陶情之事，欲俭不能，然亦节去靡费之半；其余如《居室》《器玩》《饮馔》《种植》《颐养》诸部，皆寓节俭于制度之中，黜奢靡于绳墨之外。"[3]正是基于这种期望，李渔提出："土木之事，最忌奢靡。匪特庶民之家当崇俭朴，即王公大人亦当以此为尚。"[4]其三是实用观，文人从实用角度对生活事物的阐发，可谓比比皆是。如文震亨认为，古人制家具在于"便适"，制器具在于"尚用"。高濂将古代器物用于日常生活中，将古"鼎"用于焚香，并认

[1] ［清］李渔著：《闲情偶寄》，江巨荣、卢寿荣校注，上海：上海古籍出版社，2000 年，第 227 页。

[2] ［明］文震亨著：《长物志》，海军、田君注释，济南：山东画报出版社，2004 年，第 1 页。

[3] ［清］李渔著：《闲情偶寄》，江巨荣、卢寿荣校注，上海：上海古籍出版社，2000 年，第 10-11 页。

[4] ［清］李渔著：《闲情偶寄》，江巨荣、卢寿荣校注，上海：上海古籍出版社，2000 年，第 181 页。

为："彝盘……今可用作香橼盘"；"瓠、尊、兕,皆酒器也,三器俱可插花"；"瓠壶……今以此瓶注水,灌溉花草,雅称书室育蒲养兰之具"。[1]李渔也主张居室设计应从实用出发,反对建造一些华而不实之物,他认为："居宅无论精粗,总以能避风雨为贵。"至于居室中的家具、器用也应如此,因为"一事有一事之需,一物备一物之用"[2]。文人的这些观点,从本质上讲,都是要求设计的事物服务人的日常生活,满足人的物质与精神需求。其四是审美观,许多文人从审美角度对"雅"与"俗"作了区分,若论系统和深入程度,则以文震亨的《长物志》最具代表性。他在书中提出一种韵士的居住环境："云林清秘,高梧古石中,仅一几一榻,令人想见其风致,真令神骨俱冷。故韵士所居,入门便有一种高雅绝俗之趣。"[3]这种"高雅绝俗"的审美追求贯穿了全书,文氏极力把雅与俗区分开来,反复强调雅,凡与这种审美标准相左的,都被斥为俗,把雅与俗完全绝对化。与文震亨的雅俗观不同的是,李渔既不赞成市井化的俚俗,也不欣赏文人式的清雅,而是把雅与俗结合起来,在俗中求雅,在雅中趋俗,做到"雅俗俱利"。如途径,"径莫便于捷,而又莫妙于迂。凡有故作迂途,以取别致者,必另开耳门一扇,以便家人之奔走。

---

[1] [明]高濂著:《遵生八笺》,王大淳等整理,北京:人民卫生出版社,2007 年,第 438-440 页。

[2] [清]李渔著:《闲情偶寄》,江巨荣、卢寿荣校注,上海:上海古籍出版社,2000 年,第 184、229 页。

[3] [明]文震亨著:《长物志》,海军、田君注释,济南:山东画报出版社,2004 年,第 411 页。

急则开之,缓则闭之,斯雅俗俱利,而理致兼收矣。"[1]（图 4-9）

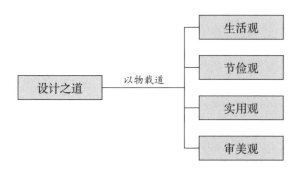

图 4-9　"设计之道"思想构成示意图,作者绘制

4. 设计之技：生活技艺

考察明清江南文人的著作,能对建筑、装修、家具、器具制作的技术性问题进行详细探讨的,恐怕要推李渔的《闲情偶寄》。对于生活中的技艺,李渔视之为"技",并自称"生平有两绝技"。由于将生活落实到了技艺层面,所以他自诩有多种技能："庙堂智虑, 百无一能；泉石经纶,则绰有余裕。"[2]具体地说,这种技艺主要表现在：其一李渔提出"制体宜坚"的结构观,他认为这是设计中首先要予以满足的要求。如女墙,他反对那种不顾坚固要求而大面积追求镂空效果的做法,必须"至稳极固者为之,不则一砖偶动,则全壁皆倾"。为此他主张："首重者,

　　[1]［清］李渔著：《闲情偶寄》,江巨荣、卢寿荣校注,上海：上海古籍出版社,2000 年,第 183 页。
　　[2]［清］李渔著：《笠翁文集》卷三《与龚芝麓大宗伯》,见《李渔全集》,杭州：浙江古籍出版社,1992 年,第 162 页。

止在一字之坚,坚而后论工拙。"[1]其二李渔提出"顺物之性"的材料观,因为一物有一物之性,一物有一物之理,这就要求设计者应该熟悉材料的各种特性,包括性能、成本、质地、品质等,然后根据材料的特性进行设计与制作。如木器,他认为:"凡合笋(榫)使就者,皆顺其性而为之者也;雕刻使成者,皆戕其体而为之者也;一涉雕镂,则腐朽可立待矣。"[2]其三李渔提出"与物相宜"的工艺观,因为"凡事物之理,简斯可继,繁则难久。顺其性者必坚,戕其体者易坏"。如窗棂栏杆,他认为:"务使头头有笋,眼眼着撒。然头眼过密,笋撒太多,又与雕镂无异,仍是戕其体也,故又宜简不宜繁。根数愈少愈佳,少则可坚;眼数愈密愈贵,密则纸不易碎。"[3]为进一步阐明上述观点,李渔以三种窗栏格式加以说明,如"纵横格",因取其简者、坚者、自然者变之,并以雕镂为戒,因而获得"人工渐去,天巧自呈"的艺术效果(图4-10)。

---

[1] [清]李渔著:《闲情偶寄》,江巨荣、卢寿荣校注,上海:上海古籍出版社,2000年,第190页。

[2] [清]李渔著:《闲情偶寄》,江巨荣、卢寿荣校注,上海:上海古籍出版社,2000年,第190页。

[3] [清]李渔著:《闲情偶寄》,江巨荣、卢寿荣校注,上海:上海古籍出版社,2000年,第190页。

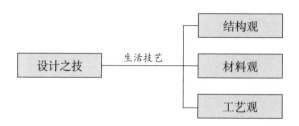

图 4-10　"设计之技"思想构成示意图,作者绘制

三、江南文人室内设计思想的历史价值

明代中期以后,程朱理学的统治地位发生动摇,以王阳明(1472—1529)为代表的心学逐渐发展起来。泰州学派的创始人王艮(1483—1541)发挥王学的世俗的一面,提出"百姓日用之道"的思想;其后,李贽(1527—1602)等人又把王艮的思想落实到现实生活中,提出"穿衣吃饭,即是人伦物理。除却穿衣吃饭,无伦物矣"[1]。这种自上而下的思想转变,对当时社会生活产生了很大影响,促使人们普遍关注与自身日常生活息息相关的事物。作为知识阶层的文人也不例外,他们从人的各种需求出发,更加关注日常生活事物,提出了上述诸多室内设计思想。其历史价值,概括起来主要表现在以下几个方面。

1. 构建室内设计思想体系

中国文人对室内设计及其思想的阐发,早已有之。如唐宋时期,刘禹锡(772—842)的《陋室铭》、白居易

---

[1]　[明]李贽著:《续焚书》,北京:中华书局,1975 年,第 49 页。

（772—846）的《草堂记》、苏轼（1037—1101）的《雪堂记》、陆游（1125—1210）的《居室记》，以及李格非（生卒年不详）的《洛阳名园记》、周密（1232—约1298）的《吴兴园林记》、赵希鹄（生卒年不详）的《洞天清录》等。然而，中国文人对室内设计的关注、研究、品评、阐释、继承与发扬却是在明中后期至清前中期。这时期的江南文人所展开的室内设计思想，涉及的层面之多、领域之广、研究之深，是前所未有的。他们通过综合设计、器玩鉴赏、园林记述、小说描述、图像谱录等各种类型的著作，论述各自对室内设计的看法、见解和主张：首次提出了设计之人的问题，充分肯定设计师在设计与建造中的重要作用和地位；系统论述了设计之物，如建筑、装修、家具、器具、位置等的观念，以及建立从园林居室到案头清供的整体设计意识；深入阐释了设计之道，如生活观、节俭观、实用观、审美观等，强调设计事物最终以服务于人的日常生活、满足于人的物质与精神需求为宗旨；详细探讨了设计之技，如结构观、材料观、工艺观等，为追求理想的生活环境提供技术上的保障。以上四个层面，"人"是设计的主体，"物"是设计的外在事物，"道"是设计的内在本质，"技"是设计的营造技艺，它们之间既相互独立又相互联系，由此构成文人特有的室内设计思想体系（图4-11）。

2. 维系文人身份与矫正社会风气

明代中期以后，随着商品经济的发展，社会消费观念发生了新的变化，特别是江南地区，形成了一种崇尚"奢靡"的社会风尚。在这场社会风尚中，扮演先导人物的

图 4-11　江南文人室内设计思想体系示意图，作者绘制

主要是商贾，尔后影响到其他社会阶层，人们治园亭、建房舍、购家具、置古玩，不惜成本，动辄万钱，已成为一种普遍现象。据张瀚（1510—1593）记载，吴地"其民利渔稻之饶，极人工之巧，服饰器具，足以炫人心目，而志于富侈者，争趋效之"[1]。这样，就出现了两种状况：一是随着商贾等的高消费，他们的经济地位的提高导致社会身份的上升，使原来处于精英身份的文人产生了一种危机感；二是文化消费中，"富贵家儿与一二庸奴、钝汉，沾沾以好事自命，每经鉴赏，出口便俗，入手便粗，纵极其摩挲护持之情状，其污染弥甚"[2]。面对如此状况，一方面，文人通过创建自成一体的思想文化来解决身份危机的问

---

[1]　[明]张翰撰：《松窗梦语》，盛冬铃点校，北京：中华书局，1985 年，第 83 页。

[2]　[明]文震亨著：《长物志》，海军、田君注释，济南：山东画报出版社，2004 年，第 1 页。

题。文震亨自述其编著目的："小小闲事长物，将来有滥觞而不可知者，聊以是编堤防之。"[1]意欲建立一种文化体系来引导人们的设计与欣赏，而这一体系正是文人特有的文化资本，文人通过这种排他性的文本表达来强调和维系文人身份，进而重获作为社会精英的优越感。另一方面，文人通过创建鲜明浓厚的伦理道德来缓解社会风气的问题。李渔认为，"创立新制，最忌导人以奢"；"风俗之靡，日甚一日，究其日甚之故，则以喜新而尚异也"；"风俗之靡，犹于人心之坏，正俗必先正心"。[2]为此，他以八事万言的著作，"一期点缀太平""一期崇尚俭朴""一期规正风俗""一期警惕人心"。其中，点缀太平实出无奈，而崇尚俭朴、规正风俗、警惕人心则是其主旨，以此来矫正社会风气（图4-12，图4-13）。

3. 对宫廷和民间设计产生深远影响

明清时期，是中国古代建筑发展的最后一个高峰。室内设计作为建筑设计的一个重要组成部分，其发展也不例外。这时期的室内设计，从总体上讲，可以分为三个大类：一类是宫廷室内设计；第二类是民间室内设计；第三类是文人室内设计。文人室内设计对民间的影响，可以工匠制作体现出来。明代中后期，手工艺品的价格十分昂贵，其制作者的社会身份也随之提高，特别是那些身怀绝技的工匠更是受到文人士大夫、权贵、富商的礼

---

[1]［明］文震亨著：《长物志》，海军、田君注释，济南：山东画报出版社，2004年，第1页。

[2]［清］李渔著：《闲情偶寄》，江巨荣、卢寿荣校注，上海：上海古籍出版社，2000年，第10-11页。

图 4-12　文徵明《猗兰室图》(明代),故宫博物院藏

　　《猗兰室图》纸本、墨笔,纵 67 厘米,横 26.3 厘米,由长洲(今苏州)人文徵明(1470—1559)所绘。此图描绘了一间书斋掩映在苍松山石之中,屋内宾主相对而坐,主人拨动琴弦,一曲《猗兰操》回荡在幽谷之间,屋外苍松傲然挺立,兰花错杂其间。作者以此表达"芝兰生于幽谷,不以无人而不芳;君子修道立德,不为困穷而改节"。

　　遇。如张岱在《陶庵梦忆》中记述了工匠因技艺起家,而能"与缙绅先生列坐抗礼"[1]的现象;许多文人在其著述中都提到了当时的著名工匠,甚至还有为名匠树碑立传者,金元钰的《竹人录》、褚德彝的《竹人续录》即是如此(图 4-14～图 4-16)。工匠在与文人的交往与互动中深受其思想的启发,如时大彬(1573—1648)"初自仿供春得手,喜作大壶,后游娄东,闻陈眉公与琅琊、太原诸公品

───────────

　　[1]　[明]张岱撰:《陶庵梦忆·西湖梦寻》,马兴荣点校,北京:中华书局,2007 年,第 60 页。

图 4-13　杜堇《玩古图》(明代),"台北故宫博物院"藏

　　《玩古图》绢本,设色,纵 126.1 厘米,横 187 厘米,由丹徒(今镇江)人杜堇(生卒年不详)所绘。此图描绘了滨水庭园中的文士玩古,画面中央一宾一主在屏风前赏鉴条案上的古鼎彝器,左侧一仆人拿着书画棋盘走来,右侧一女手执团扇扑打蝴蝶,后有两仕女正在整理古董器玩。作者以场景式的玩古图来表达"玩古乃常,博之志大。尚象制名,礼乐所在。日无礼乐,人反愧然。作之正之,吾有待焉"。

图 4-14　濮仲谦竹雕竹枝笔筒（明代），故宫博物院藏

　　濮仲谦（生卒年不详）为晚明金陵（今南京）人，金元钰《竹人录》将其列为金陵派竹刻的创始人。此笔筒高 14.6 厘米，筒径 6.9 厘米，筒壁浅浮雕折枝竹枝一束，其余皆留白，竹叶多转侧重叠，透视关系处理清晰、明确，极为不易，而叶片细部的虫蚀痕迹更是传神，风格细腻，刀法简练，竹枝旁阴刻隶书"仲谦手治"款识。

图 4-15　朱三松竹雕仕女图笔筒（明代），故宫博物院藏

　　朱三松（生卒年不详）为晚明嘉定（今上海）人，与其祖朱鹤（号松邻）、父朱缨（号小松）为嘉定派竹刻的开创者。此笔筒高 14.6厘米，口径 7.8厘米，筒壁浮雕、深雕、透雕仕女等图案，仕女头戴风帽，手持兰花，依石壁而立，古松穿岩而出，松枝伸展，蟠曲宛转，仕女旁岩壁上刻乾隆御诗一首，另侧壁上刻"万历甲寅秋月三松作"款识。

图 4-16　朱三松竹雕松下高士笔筒（明代），上海博物馆藏

　　此笔筒高 14.8 厘米，口径 7.6 厘米，采用浮雕、镂雕工艺，刻一
高士于松石间展卷濡毫之际，回首眺望双蝠翩翩而至之景，将吉祥
寓意于幽情雅致之中，岩石间刻"万历乙卯年，朱稚征"款识。从造
型、构图、雕工看，与上一件仕女图笔筒十分相似，且制作时间也十
分接近，代表了朱三松晚年的竹刻风格。

茶施茶之论,乃作小壶"[1],从此开创了紫砂壶制作的新格局(图4-17~图4-20)。书斋几案上能有一把当时名匠制作的壶具,可发闲远之思,因而成为室内陈设中不可或缺的器玩。文人室内设计对宫廷的影响,可以清代皇

图4-17 时大彬款紫砂壶(清代),上海博物馆藏

周高起在《阳羡茗壶系》中将时大彬列为制壶大家。时大彬对紫砂陶的泥料配制、成型技法、造型设计和铭刻等均有造诣,善用各色陶土或在陶土中掺杂砂缸土制作,所制砂壶具有朴雅坚致的特点。此壶高6.2厘米,口径9厘米,底径8.7厘米,壶体小巧虚扁,粗而不糙,质朴凝重,壶底刻"源远堂藏大彬制"六字款。

[1] [明]周高起、董其昌著:《阳羡茗壶系・骨董十三说》,司开国,尚荣编著,北京:中华书局,2012年,第33页。

图 4-18　大彬款提梁壶(清代),南京博物院藏

　　此壶高 20.5 厘米, 口径 8.3 厘米, 底径 13 厘米, 平盖, 六方珠钮, 矮颈, 六棱形嘴, 圆腹, 环形提梁, 浅足, 壶体造型优美, 颇具气势, 胎泥紫褐色, 含黄色沙粒, 俗称"梨皮", 显得洗练、凝重古朴, 壶盖外壁刻楷书"大彬"二字, 款后铃篆书阴文"天香阁"方印。

图 4-19　宜兴窑"阿曼陀室"款紫砂描金山水纹茶壶
（清代），故宫博物院藏

　　此壶高9.7厘米，口径6厘米，底径9.7厘米，圆腹、圈
足、短流、曲柄有鋬，紫褐色砂泥，壶腹一面描金绘林石
凉亭，上书"两峰插云"四字，另一面描金篆书"生平爱茗
饮"，壶底戳印篆书"阿曼陀室"四字款。署有此款的紫砂
壶，是清代嘉庆年间制壶名家杨彭年（生卒年不详）与书
画家陈曼生（1768—1822）合作制作的紫砂壶，世称"曼
生壶"，文人与艺人珠联璧合，紫砂技艺与翰墨结缘，充满
文人意趣。

图 4-20　宜兴窑杨彭年款紫砂飞鸿延年壶（清代），故宫博物院藏

　　此壶高11厘米，口径8.5厘米，底径12.3厘米，广口、溜肩、短流、环柄、腹部饱满、阔平底、浅圈足，紫红色砂泥，壶腹一面刻隶书"延年壶"，另一面刻行书"鸿渐于膳，饮食衎衎，是为桑苎翁之器，垂名不利"，署"曼生为止侯铭"款，壶盖内刻篆书"彭年"阳文款，壶底凸刻鸿雁，并有篆书"延""年"二字。延年壶是陈曼生与杨彭年合作创制的十八种壶式之一，称为"飞鸿延年壶"。

帝的室内装修为例。康熙、雍正、乾隆三帝都具有明显的
文人化倾向，喜好诗文书画，对江南文人园林更是情有独
钟。如乾隆皇帝六次南巡，每到一处江南名园，他都让随
行宫廷画师将园林绘画带回京城，然后加以摹仿。他的
这种审美喜好也直接反映在园林建筑的室内装修中，如
宁寿宫的景福宫、符望阁、萃赏楼、延趣楼、倦勤斋等，据
文献记载，它们的室内装修都是在江南制作完成的。两
淮盐政李质颖的一篇奏折写道："……伏查六七等月接
奉内务府大臣寄信，奉旨交办景福宫、符望阁、萃赏楼、延
趣楼、倦勤斋等五处装修。奴才已将镶嵌式样雕镂花纹，
悉筹酌分别预备杂料，加工选定，晓事商人，遵照发来尺
寸详慎监造。今已办有六七成，约计明岁三四月可以告
竣。"[1]这五处室内的建成，使故宫具有了罕见的、精美的
内檐装修，也使故宫拥有的皇家气派向江南韵味、文人情
趣靠拢（图4-21～图4-26）。

---

[1] 引自刘畅：《故宫宁寿宫花园内檐装修调查与解读》，《建筑
史》，第21辑，北京：清华大学出版社，2005年，第78页。

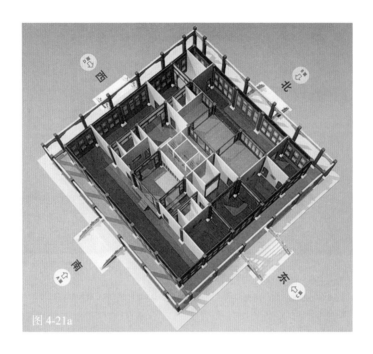

图 4-21a

图 4-21b

图 4-21（a、b、c、d） 符望阁紫檀回纹镶嵌落地罩（清代），引自故宫博物院古建筑管理部编《故宫建筑内檐装修》及王时伟、刘畅《金界楼台思训画 碧城鸾鹤义山诗——如诗如画的乾隆花园》

　　此阁建于清乾隆三十七年（1772），嘉庆、光绪年间也先后修建。其平面呈方形，外观两层，内实三层，四角攒尖顶；室内设计颇具特色，人在其中常迷失方向，故俗称"迷楼"，以各种不同类型的内檐装修，巧妙地分隔与组织空间，并以金、玉、珐琅等镶嵌装饰，可称中国古代室内装修的代表作品。

图 4-22（a、b）　萃赏楼紫檀拼竹镶嵌隔扇（清代），引自故宫博物馆古建筑管理部编《故宫建筑内檐装修》

　　此楼建于清乾隆三十七年（1772），嘉庆、光绪年间也先后修建。楼为上下两层，面阔5间，卷棚歇山顶；下层正面明间开门，其余为窗，背面两次间各开门，上层背面中间开门，其余为窗，隔扇门、支摘窗均为步步锦形式；室内隔扇采用紫檀木制成，并以拼竹镶嵌装饰，制作精细，工艺考究。

图 4-23　延趣楼紫檀灯笼镶嵌栏杆罩（清代），引自故宫博物院古建筑管理部编《故宫建筑内檐装修》及王时伟、刘畅《金界楼台思训画 碧城鸾鹤义山诗——如诗如画的乾隆花园》

　　此楼建于清乾隆三十七年（1772）。嘉庆、光绪年间也先后修建。楼为上下两层，面阔5间，进深3间，卷棚歇山顶；东、南、北三面出廊，廊内侧装门窗以分隔内外空间，门窗皆用棂条拼成步步锦形式，室内隔扇采用紫檀木制成，并以多种做工精美的瓷片镶嵌装饰，既古朴雅致，又不失皇家气度。

4-24a

4-24b

图4-24（a、b、c、d）　倦勤斋内檐装修（清代），引自故宫
博物院古建部主编《中国建筑文化遗产》编辑部承编《倦
勤斋》

　　此斋建于清乾隆三十七年（1772），面阔9间，卷棚硬山
顶。东5间顶棚糊团花纹天花，中央建凹字形仙楼，以纱橱隔
为小室，设宝座床。西4间顶棚饰竹架藤萝海墁天花，墙面用
通景画装饰，南侧装彩绘竹纹圆光罩，与北墙彩绘圆光罩遥
相呼应，西侧设四角攒尖顶方亭，作为室内戏台，东侧也建仙
楼，上下层均设宝座床，为观戏所用。整个内檐装修精妙绝
伦，堪称中国古代室内设计的经典作品。

4-24d

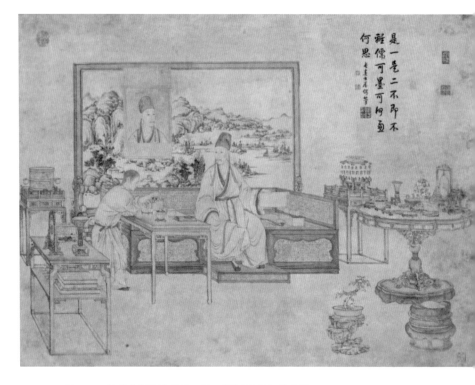

图 4-25　佚名《乾隆皇帝是一是二图》（清代），故宫博物院藏

　　《乾隆皇帝是一是二图》纸本，设色，纵 118 厘米，横 61.2 厘米，为宫廷画家绘制。此图描绘了乾隆帝身着汉人服饰，在坐榻上观赏皇家收藏的器玩，乾隆御题"是一是二，不即不离。儒可墨可，何虑何思。长春书屋偶笔"。对于中国儒家学说和墨家学说，他认为两者作为中国传统哲学思想，如同坐榻上的他与屏风上他的画像一样，是不可分的。

图 4-26 故宫博物院《乾隆皇帝是一是二图》场景还原,故宫博物院藏

2018 年 9 月,故宫博物院的家具馆正式向公众开放,馆内以康熙、雍正、乾隆时期的家具为主,按照庭院、书房、琴房等主题进行场景布置,供观众近距离体验和欣赏。此场景即是对《乾隆皇帝是一是二图》的还原,以故宫旧藏的罗汉床、围屏、六方几、长桌、条桌、圆转桌等家具器玩及文房用具,呈现乾隆书房场景,反映了乾隆对中国传统文化的热爱。

四、江南文人室内设计思想的现代启示

20 世纪 80 年代以后，中国当代室内设计得到迅速发展，设计实践和理论研究都取得了较大进展。然而，中国室内设计在当下多元文化的背景下又面临着诸多的难题，其中之一即它的发展方向应该何去何从？对此，一些有识之士进行了广泛探讨和深入思考，提出了多种中国室内设计发展的可能方向，比如倡导"文人设计"，试图通过复兴与发展文人设计传统来建构具有中国文化特色的室内设计体系。而它的前提条件之一，就是对文人设计传统要有一个全面而系统的理解和把握。因此从这个方面讲，对明清江南文人室内设计思想的研究有着重要的启示作用。

1. 重视设计师文化素养的提高

明清江南文人就其身份而言，首先是掌握某种知识的"文人"，然后才是"设计师"。他们长期从事诗歌、散文、书法、绘画、小说、戏曲等的创作与研究，同时也涉足园林、建筑、家具、器具等的设计与鉴赏。如计成"少以绘名，最喜关仝、荆浩笔意"，"所为诗画，甚如其人"[1]；文震亨"以善琴供奉"，"以书画擅名"[2]；屠隆"以诗文雄隆、万间"[3]；李渔也擅长诗文、戏曲，正因为此，他们在论

---

[1] [明]计成原著，陈植注释：《园冶注释》，北京：中国建筑工业出版社，1988 年，第 23 页。

[2] [清]永瑢等撰：《四库全书总目》，北京：中华书局，1965 年，第 1059 页。

[3] [明]文震亨撰、屠隆撰：《长物志·考槃馀事》，陈剑点校，杭州：浙江人民美术出版社，2011 年，第 187 页。

述室内设计之时，十分强调与诗、文、书、画的融合，艺术上追求"尊古"与"作新"，境界上追求"天造"与"自然"，效果上追求"文心"与"画意"。明清江南文人对文化的强调，其实质是对设计师文化素养的重视。在现代，随着设计行业的专门化、职业化，设计者的技术素养有了长足的进步，设计作品在方法、技巧、手段上可谓面面俱到，但就是缺乏较高的文化品位和艺术水准，究其原因，这与设计者的文化素养不高有着很大的关系，因此，提高设计师自身的文化素养，应引起设计界的广泛重视。事实上，在现代中国建筑学界就有这样的典范，如中国美术学院的王澍教授自称"首先是个文人，业余才是建筑师"[1]，他对中国文人传统的追摹早已为建筑学界所熟知——他喜欢箫管，擅长书法和山水画，以品龙井茶、携妻游园为生活中必不可少的一部分，正因为他在中国文人建筑传统的现代复兴与发展上作出了突出的贡献，而得到国际建筑学界的认可和肯定。

2. 促进文人设计思想的繁荣

明清时期，江南文人对设计思想的阐发达到了高潮，这是前代文人所不及的。有许多文人从不同的视角对设计之人、设计之物、设计之道、设计之技作了广泛而深入的探讨，出现了"百家争鸣"的局面，使中国文人的设计思想得到极大的发展。这些思想中，既有相同也有相异处，如审美观上，有的文人持"贵雅忌俗"的观点，而有的

---

[1]　郝婧羽:《王澍: 首先是个文人，业余才是建筑师》,《羊城晚报》,2012 年 03 月 20 日, B15。

文人持"雅俗俱利"的观点；艺术观上，有的文人持"尊古"的观点，而有的文人持"作新"的观点；技术观上，有的文人几乎不涉及，而有的文人则大谈特谈，并把它看成是日常生活的一部分。这些思想的差异并存，共同反映了明中后期和清前中期物质文化和价值观念的取向。在现代，对中国文人建筑传统的复兴与发展作出贡献的，除王澍以外，据赖德霖先生研究，还有7位建筑家，他们是童寯、刘敦桢、郭黛姮、张锦秋、汉宝德、冯纪忠、贝聿铭；此外，与王澍有着相似建筑理念并自觉从文人建筑传统中汲取营养的新一代建筑师，有张永和、刘家琨、童明、董豫赣、丁沃沃、葛明、都市实践，以及李晓东等。[1]显然，在复兴与发展文人建筑传统的道路上，这些建筑家及其贡献只是代表了一少部分人的努力，这就需要不同的社会阶层、不同的学科领域、不同的观点声音，形成多个学派，以包容的心态，促进各学派之间不同思想的交流与汇合，这样才有可能使文人设计思想更加源远流长、丰富多彩。

3. 加强文人设计理论的研究

明清时期，是中国古代建筑发展的集大成阶段。在主体方面，出现了大批以设计闻名的能手；在实践方面，出现了大量设计优秀的作品；在理论方面，出现了众多设计相关的著述。如官式建筑有清工部颁布的《工程做法》，民间建筑有午荣（生卒年不详）汇编的《鲁班经匠

---

[1] 赖德霖:《中国文人建筑传统现代复兴与发展之路上的王澍》,《建筑学报》,2012年第05期,第1-5页。

家镜》（亦称《鲁班经》），文人建筑则有计成的《园冶》、文震亨的《长物志》、李渔的《闲情偶寄》等，每一类著作都内容丰富，自成体系，独具特色。相比较而言，以《工程做法》为代表的官式建筑已经有了广泛而深入的研究，而以《园冶》为代表的文人建筑还有太多的问题待解决。关于这个问题，近年来已受到不少中外学者的重视，并展开了多方面的研究，如英国著名学者柯律格（Craig Clunas）的《长物志：近代早期中国的物质文化与社会地位》（Super fluous Things：Material Culture and Social Status in Early Modern China）、美国学者张春树、骆雪伦合著的《17 世纪中国的危机与变革：李渔时代的社会与文化及其"现代化"》（Crisis and Transformation in Seventeenth-Century China：Society，Culture，and Modernity in Li Yu's world），以及澳大利亚学者冯仕达的一系列论文《〈园冶〉中的"体"与"宜"》（Body and Appropriateness in Yuan Ye）、《自我、景致与行为：〈园冶〉借景篇》（Self，Scene and Action：The Final Chapter of Yuan Ye）、《〈园冶〉的跨学科前景》（The Interdisciplinary Prospects of Yuan Ye）等。这些著作和论文的一个共同特点，就是以新的视角对文本进行解读和研究，开辟了新的学术前景。其研究成果的取得，再次说明文人设计还有太多的可能待发掘，尤其是针对当前室内设计理论匮乏的现状，这就要求我们需要花大力气加强文人设计理论的研究，为中国当代室内设计的发展提供强有力的理论支持。

参考文献

[1][清]纪昀，永瑢，等.景印文渊阁四库全书.台北：台湾商务印书馆，1986.

[2][清]永瑢，等.四库全书总目.北京：中华书局，1965.

[3][明]计成（原著），陈植（注释）.园冶注释.北京：中国建筑工业出版社，1988.

[4][明]文震亨.长物志.海军，田君，注释，济南：山东画报出版社，2004.

[5][明]文震亨，[明]屠隆.长物志·考槃馀事.陈剑，点校，杭州：浙江人民美术出版社，2011.

[6][明]屠隆.考槃馀事.秦跃宇，点校，南京：凤凰出版社，2017.

[7][明]高濂.遵生八笺.王大淳，等整理，北京：人民卫生出版社，2007.

[8][明]张应文.清秘藏（外六种）.上海：上海古籍出版社，1993.

[9][明]卫泳.悦容编//笔记小说大观：第5编第5册.台北：台北新兴书局，1984.

[10][明]曹昭.格古要论.杨春俏，编著，北京：

中华书局，2012.

[11][明]周高起,[明]董其昌.阳羡茗壶系·骨董十三说.司开国，尚荣，编著，北京：中华书局，2012.

[12][明]王圻,[明]王思义.三才图会.影印本.上海：上海古籍出版社，1988.

[13][明]黄凤池.唐诗画谱.孙雪霄，校注，上海：上海古籍出版社，2013.

[14][明]汪氏.诗馀画谱.孙雪霄，校注，上海：上海古籍出版社，2013.

[15][明]林友麟.素园石谱.影印本.杭州：浙江人民美术出版社，2013.

[16][明]张翰.松窗梦语.盛冬铃，点校，北京：中华书局，1985.

[17][明]张岱.陶庵梦忆·西湖梦寻.马兴荣，点校，北京：中华书局，2007.

[18][明]沈德符.万历野获编.北京：中华书局，1959.

[19][明]李贽.续焚书.北京：中华书局，1975.

[20][明]兰陵笑笑生.金瓶梅词话.戴鸿森，校点，北京：人民文学出版社，1985.

[21][清]李渔.闲情偶寄.江巨荣，卢寿荣，校注，上海：上海古籍出版社，2000.

[22][清]黄图珌.看山阁集//四库未收书辑刊：第10第17册.北京：北京出版社，1998.

[23][清]黄图珌.看山阁闲笔.袁啸波，校注，上海：上海古籍出版社，2013.

[24][清]曹庭栋.老老恒言.黄作阵，等 评注,北京：中华书局，2011.

［25］［清］金元钰，褚德彝 . 竹人录·竹人续录 . 张素霞，点校，杭州：浙江人民美术出版社，2011.

［26］［清］王棪，［清］张潮 . 檀几丛书 . 影印本 . 上海：上海古籍出版社，1992.

［27］［清］改琦 . 红楼梦图咏 . 北京：国家图书馆出版社，2017.

［28］［清］孙温（绘），王典戈（著）. 尘世梦影：彩绘红楼梦 . 北京：北京时代华文书局，2019.

［29］［宋］黄伯思（长睿），［明］戈汕（庄乐）. 重刊《燕几图》《蝶几谱》附《匡几图》. 上海：上海科学技术出版社，1984.

［30］姚承祖 . 营造法原 . 2 版 . 张至刚，增编 . 北京：中国建筑工业出版社，1986.

［31］陈植，张公驰 . 中国历代名园记选注 . 合肥：安徽科学技术出版社，1983.

［32］童寯 . 江南园林志 . 2 版 . 北京：中国建筑工业出版社，1984.

［33］刘敦桢 . 苏州古典园林 . 修订本 . 北京：中国建筑工业出版社，2005.

［34］潘谷西 . 中国古代建筑史 . 第四卷：元明建筑 . 北京：中国建筑工业出版社，1999.

［35］郑振铎 . 中国古代木刻画史略 . 上海：上海书店出版社，2011.

［36］王世襄 . 明式家具研究 . 袁荃猷，制图 . 北京：生活·读书·新知三联书店，2008.

［37］朱家溍 . 明清室内陈设 . 北京：紫禁城出版社，2004.

［38］周默 . 雍正家具十三年：雍正朝家具与香事档

案辑录.南京：江苏凤凰美术出版社，2021.

［39］濮安国.明清苏式家具.长沙：湖南美术出版社，2009.

［40］顾凯.明代江南园林研究.南京：东南大学出版社，2010.

［41］苏州园林发展股份有限公司.苏州古典园林营造录.北京：中国建筑工业出版社，2003.

［42］［英］柯律格.长物：早期现代中国的物质文化与社会状况.高昕丹，陈恒，译.北京：生活·读书·新知三联书店，2015.

［43］巫仁恕.品味奢华：晚明的消费社会与士大夫.北京：中华书局，2008.

［44］周积明，朱仁天.四库全书总目：前世与今生.北京：国家图书馆出版社，2017.

［45］故宫博物院古建筑管理部.故宫建筑内檐装修.北京：紫禁城出版社，2007.

［46］故宫博物院古建部.倦勤斋.中国建筑文化遗产编辑部，承编.天津：天津大学出版社，2012.

［47］上海博物馆.竹镂文心：竹刻珍品特集.上海：上海书画出版社，2012.

［48］龚良.精准与华美：南京博物院藏钟表精品.南京：凤凰出版社，2013.

［49］孙沛文.镜里乾坤：明可眼镜文化博物馆藏品鉴赏.北京：新华出版社，2011.

［50］董寿琪.苏州园林山水画选.上海：上海三联书店，2007.

［51］赖德霖.中国文人建筑传统现代复兴与发展之路上的王澍.建筑学报，2012（05）.

［52］王光乾.《竹人录》作者金元钰研究.文物天地，2016（8）.

［53］王时伟，刘畅.金界楼台思训画　碧城鸾鹤义山诗：如诗如画的乾隆花园.紫禁城，2014（6）.

后记

　　对我来说，2023 年有太多的事情值得记述。而最大的一件事情，是因年龄原因从管理岗位上退了下来。有朋友发来慰问信，写道"现在有时间"，"可以干自己想干的事了"，"可以专注学问了"。确实，经过一段时间的调整后，我对这些年来的学术研究做了一次盘点，发现"明清江南文人室内设计思想"这个课题仍有再次研究的价值和意义。

　　正如本书"前言"所言，对此课题的研究始于 2010 年前后，到现在已有 14 个年头。在这十余年里，我们持续关注课题的研究动态，不断调整选题进行深化研究，也因此取得了一些成果。以指导学生论文为例，陈曦于 2013 年完成硕士学位论文《观念与实践：明清江南文人书斋设计研究》；张舒璐于 2015 年完成硕士学位论文《湮没与发掘——黄图珌〈看山阁集〉室内设计思想及图像研究》；吴逸强于 2018 年完成硕士学位论文《〈鲁班经〉桌椅类家具研究》，次年获得江苏省优秀硕士学位论文；成果于 2022 年完成博士学位论文《文人意趣与匠人技艺——明清江南私家园林建筑内檐装折营造研究》，次年获得江苏省优秀博士学位论文。四篇论文两次获奖，这是对我们十余年来此课题研究的最大鼓励和鞭策，同时也增强了我们编撰出版本书的信心和决心。

在本书的编撰出版过程中，我们得到了南京艺术学院、南京工业大学、东华大学诸多领导、老师和朋友的大力支持和帮助，本书还有幸得到了南京艺术学院江苏高校优势学科建设工程第四期重点项目、东华大学太平鸟教研创新基金项目资助，在此一并表示衷心的感谢。另外，感谢成果博士为本书提供了精彩的图片，方凯伦博士生做了大量图片的整理工作。最后，还要特别感谢东南大学出版社刘庆楚先生及其同事，他们为本书的出版付出了辛勤的劳动。

詹和平

2024 年 3 月 12 日于金陵